JN272029

Aクラスブックス

平面幾何と三角比
三角形・円の性質と三角比

桐朋中・高校教諭
矢島　弘　著

昇龍堂出版

まえがき

　小学校のときの算数で，三角形や四角形，円は初めて登場しました。そして，中学校，高校の数学においても，三角形や四角形，円の性質についての勉強は続いています。いろいろな教科の学習内容の中でも，これら「初等幾何」の内容についての学習は狭く深く，そして整然とおこなわれています。

　本書では，三角形や四角形，円などを扱う幾何の分野のうち，主に標準的に高校一年生で学習する内容を，中学生で学習する知識を前提として，わかりやすく整理してあります。幾何の分野については，教科書でも興味深い事柄が論じられていますが，定理や公式の証明が簡単であったり，一つの内容についての扱いが少なかったりすることがあります。ここでは，それぞれの定理や公式の証明をきちんと考え，それぞれを丁寧に，そしてわかりやすく整理することを心がけています。また，それぞれの項目の関連性についてもふれています。さらに，レベルとしては大学入試に必要な力を十分につけることができるものとなっています。学校での予習，復習の教材として，また，大学入試のための総復習としても利用することができます。

　ところで，定理や公式を証明するということは，「正しいとされている事柄」をもとに様々な工夫をして「新しい事柄」を導き出すことです。これは「推論」とよばれ，幾何を学習することの重要なテーマのひとつと考えられます。「推論」することはいろいろな教科を学習するためにも必要なことであり，幾何を学ぶことは様々な学問の研究の基礎となると考えることもできます。

　図形の問題に集中していると，あっという間に時間が過ぎていたという経験があると思います。三角形や四角形，円など素朴でシンプルな図形たちは実に魅力的でいろいろな性質を持っています。それらを研究することは，興味深く，面白いことだと思います。この本を学習することが，幾何の研究の入口となることを期待します。

　本書により，高校一年生で学習する幾何の知識をしっかり定着させたい高校生，幾何に興味を持つ中学生，そして，幾何好きのすべてのみなさんが，幾何についての理解が深まることを切に願っております。

著　者

本書の構成

　本書は，標準的には高校一年生で学習する「幾何」の内容を詳しく丁寧に扱っています。定理や公式はその証明を理解することで，その意味が理解できます。そして，その姿勢が「幾何」の本質を掴むことにつながります。
　項目としては，高校の教科書に合わせて学習してもよいように，次の4章から構成されています。

序章　命題 ……………… 命題の証明の基礎となる事柄をまとめています。
　具体的な題材としては，中学校で学習した幾何分野の内容を中心に取り上げています。この章の内容は，幾何の証明などの基礎となるものです。最初に学習するとよいでしょう。しかし，学校の授業の進度に合わせて他の章から読み進めて，序章は必要な項目だけを選んで学習することもできます。
　また，[研究] として転換法や同一法という証明の方法についても紹介しています。

1章　三角形の性質 ……… 主に三角形を題材とした定理を扱います。
　「[研究] 三角形のおもしろい定理」では，三角形についての有名な定理を紹介しています。この章で学習する定理を利用して証明できるものばかりです。自分でその定理の証明にチャレンジしてみてもよいでしょう。

2章　円の性質 …………… 主に円を題材とした定理を扱います。
　1章と同様に，「[研究] 円のおもしろい定理」では，円についての有名な定理を紹介しています。各自でそれらの証明にチャレンジしてみてもよいでしょう。

3章　三角比 ……………… 三角比について丁寧にまとめています。
　扱う公式は，その証明も含めてしっかり理解するように心掛けましょう。
　「[研究] 三角比と三角形の性質」では，1章で扱う定理について，三角比を利用した証明法と，三角比を用いることにより美しい形にまとめられる項目を紹介しています。ひとつの定理をいろいろな角度で考察することは，とても面白いことです。ここでは，三角比を用いた解釈から幾何の楽しさを味わうことができます。

本書の使い方

本書を使用するときに，次の特徴をふまえて学習してください。

また，学校で本書を使用する場合には，ご担当の先生がたの指示にしたがってください。

1．定理や公式は証明の過程をしっかり理解しましょう。

「仮定⇒結論」が命題の標準的な形です。これを証明することで幾何の世界がどんどん広がってゆきます。まず，定義を正しく理解し，丁寧に定理や公式の証明をしてみましょう。主な定理や公式の後には，**例** としてその使い方を具体的に示し，次に **問** として確認問題が置いてあります。また，問のうち，定理の証明の一部を各自で試みるものには★がついています。

2．例題をしっかり解いてみましょう。

例題 はその節を理解するために大切な問題を精選し，模範的な解答を示してあります。解答をみないで解いてみることも大切ですが，模範的な解答を検討することで解法についての理解が深まります。また，**コラム** はその節に関連する話題で面白いものを載せてあります。是非，興味を持って読んでください。

3．演習問題，総合問題をしっかり解くことで実力をつけましょう。

例題や問で学習した力をより深めるために，じっくり時間を掛けて **演習問題**，**総合問題** を解いてみましょう。なお，少し難しい問題には★★がついています。

4．研究にもチャレンジしてみましょう。

研究 として，幾何の楽しさが伝わるような項目を選んでいます。難しい内容のものもありますが，ゆっくり読み進めてください。高校で学習する内容よりも高度なものもありますが，飛ばすことなく学習してほしいと思います。

5．解答編を上手に活用しましょう。

解答編 は別冊にしています。まず，答えを示し，その後に解説として考え方や略解が書かれています。難しい問題も，解説を読めば理解できるように工夫してあります。また，別解を通して解法への理解をさらに深めましょう。

目次

序章　命題 …………………………………………………1
1　集合 …………………………………………………1
- 集合と要素 ……………………………………1
- 部分集合，共通部分と和集合 …………………1
- 全体集合，補集合 ……………………………2

2　命題と条件 …………………………………………3
1. 命題と条件 …………………………………3
2. 「かつ」・「または」・否定 ………………5
3. 「すべて」・「ある」 ………………………6

3　命題と証明 …………………………………………7
1. 逆・裏・対偶 ………………………………7
2. 背理法 ………………………………………8

［研究］　転換法と同一法 ……………………………10
- 転換法 …………………………………………10
- 同一法 …………………………………………11

演習問題 ………………………………………………12

1章　三角形の性質 …………………………………13
1　三角形と比 …………………………………………13
2　三角形の辺と角の大小関係 ………………………17
3　三角形の比の定理 …………………………………20
4　三角形の五心 ………………………………………25
- 重心 ……………………………………………25
- 外心 ……………………………………………26
- 垂心 ……………………………………………27
- 内心 ……………………………………………29
- 傍心 ……………………………………………30

［研究］　三角形のおもしろい定理 …………………33
- デザルグの定理　　・オイラー線
- ジュルゴンヌ点　　・ナーゲル点

演習問題 ………………………………………………36

2章　円の性質 ……………………………………………38
1　円周角の定理 …………………………………………38
2　円に内接する四角形 …………………………………41
3　接線と弦のつくる角 …………………………………45
4　方べきの定理 …………………………………………48
5　2つの円 ………………………………………………52
[研究]　円のおもしろい定理 ………………………………55
- トレミーの定理 ……………………………………55
- アポロニウスの円 …………………………………55
- シムソンの定理 ……………………………………57
- 九点円 ………………………………………………57
- パスカルの定理 ……………………………………59

演習問題 ………………………………………………………60

3章　三角比 …………………………………………………62
1　三角比の性質 …………………………………………62
1　鋭角の三角比 …………………………………62
2　鈍角の三角比 …………………………………65

演習問題 ………………………………………………………71
2　三角形への応用 ………………………………………72
1　正弦定理 ………………………………………72
2　余弦定理 ………………………………………74
3　三角形を解く …………………………………77
4　三角形の面積 …………………………………81

[研究]　ブラーマグプタの公式 ……………………………85

5　空間図形の計量 ………………………………86

演習問題 ………………………………………………………88

[研究] 三角比と三角形の性質 90
　● 角の二等分線の定理 90
　● 三角形の辺と角の大小関係 92
　● チェバの定理とメネラウスの定理 93
　● 三角形の五心 95
　● 研究　ブレートシュナイダーの公式 98
　総合問題 100

[コラム] チェバとメネラウス 23
　　　　三角形の垂心と円 28
　　　　三角形の角の二等分線と外接円の弧 47
　　　　「方べき」とは？ 51
　　　　三角比の逆数 70

索引 101
三角比の表 103
別冊　解答編

序章 命題

1 集合

「集合」について，この章で必要なことがらをまとめておく。

● 集合と要素

ある条件を満たすもの全体の集まりを**集合**といい，集合をつくっているそれぞれのものを**要素**という。

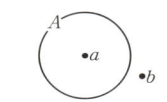

a が集合 A の要素であるとき，a は A に**属する**といい，$a \in A$ で表す。また，b が A の要素でないことを $b \notin A$ で表す。

集合を表すには，要素を書き並べる方法と要素の条件を書き表す方法がある。

例 10以下の正の偶数の集合を A とする。2, 4, 6, 8, 10 は A の要素である。
$A = \{2, 4, 6, 8, 10\}$ ← 要素を書き並べる
$A = \{x \mid x \text{ は10以下の正の偶数}\}$ ← 条件を書き表す
または，$A = \{2n \mid n \text{ は5以下の自然数}\}$

● 部分集合，共通部分と和集合

集合 A, B について，A のどの要素も B の要素であるとき，A は B の**部分集合**であるといい，$A \subset B$ または $B \supset A$ で表す。このとき，A は B に**含まれる**，B は A を**含む**という。A と B の要素がすべて一致するとき，A と B は**等しい**といい，$A = B$ と表す。$A = B$ であることは，$A \supset B$, $A \subset B$ の両方が成り立つことである。

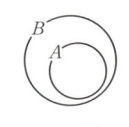

集合 A, B の両方に属する要素全体の集合を，A と B の**共通部分**または**交わり**といい，$A \cap B$ で表す。
すなわち，$A \cap B = \{x \mid x \in A \text{ かつ } x \in B\}$ である。

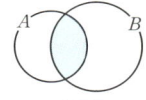

集合 A, B の少なくとも一方に属する要素全体の集合を，A と B の**和集合**または**結び**といい，$A \cup B$ で表す。
すなわち，$A \cup B = \{x \mid x \in A \text{ または } x \in B\}$ である。

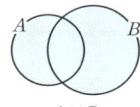

また，要素をもたない集合を**空集合**といい，記号 $\emptyset$ で表す。

（上のような図をベン図という。）

例 $A = \{1, 2, 4, 6, 8\}$, $B = \{2, 3, 8\}$, $C = \{1, 6, 7\}$ のとき，
$A \cap B = \{2, 8\}$, $B \cap C = \emptyset$, $B \cup C = \{1, 2, 3, 6, 7, 8\}$ である。

問 1 $A = \{l, o, v, e\}$, $B = \{l, i, k, e\}$ のとき，$A \cup B$, $A \cap B$ を求めよ。

全体集合，補集合

集合を考えるとき，どのような範囲で考えるかによって，その様子が変わってくる。たとえば，A を 5 の倍数の集合とするとき，10 以下の自然数の中で考えると $A=\{5, 10\}$ となり，20 以下の自然数の中で考えると
$A=\{5, 10, 15, 20\}$ となる。このように扱う範囲を決める場合に，その全体を表す集合を**全体集合**といい，U で表す。

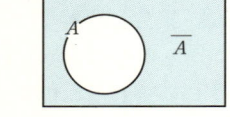

全体集合 U とその部分集合 A について，A に属さない U の要素全体を A の**補集合**といい，$\overline{A}$ で表す。
すなわち，$\overline{A}=\{x \mid x \notin A \text{ かつ } x \in U\}$ である。

どのような A についても，次のことが成り立つ。

$$A \cap \overline{A} = \emptyset, \quad A \cup \overline{A} = U, \quad \overline{(\overline{A})} = A$$

例 $U=\{1, 3, 5, 7, 8, 10, 12\}$ を全体集合とするとき，
$A=\{3, 5, 7\}$ ならば $\overline{A}=\{1, 8, 10, 12\}$

問 2 $U=\{1, 2, 3, 4, 5, 6, 7, 8, 9\}$ を全体集合とする。
$A=\{1, 3, 6, 7, 9\}$, $B=\{1, 2, 3, 4, 6\}$ について，次の集合を求めよ。
(1) $\overline{A}$ (2) $\overline{B}$ (3) $A \cap \overline{B}$

2 つの集合 A, B の補集合について，次の**ド・モルガンの法則**が成り立つ。

$$\overline{A \cup B} = \overline{A} \cap \overline{B} \qquad \overline{A \cap B} = \overline{A} \cup \overline{B}$$

図 1 $\overline{A \cup B}$ 　　　図 2 $\overline{A \cap B}$

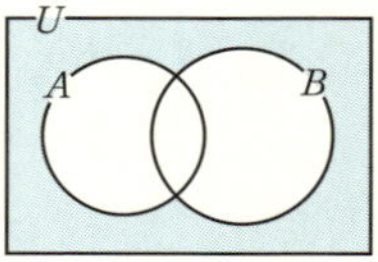

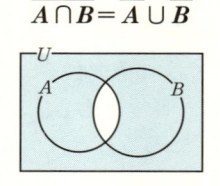

$\overline{A}$ は図 3，$\overline{B}$ は図 4 の色の部分であるから，$\overline{A} \cap \overline{B}$ は図 1，$\overline{A} \cup \overline{B}$ は図 2 の色の部分となることから，ド・モルガンの法則を確かめることができる。

図 3 $\overline{A}$ 　　　図 4 $\overline{B}$

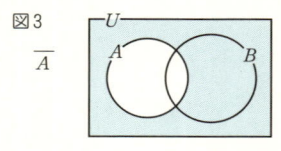

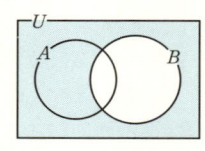

問 3 $U=\{x \mid x \text{ は 12 以下の自然数}\}$ を全体集合とするとき，
$A=\{x \mid x \text{ は 12 の約数}\}$, $B=\{x \mid x \text{ は 3 の倍数}\}$ について，次の集合を要素を書き並べる方法で求めよ。

(1) $\overline{A \cup B}$ (2) $\overline{A} \cup B$ (3) $\overline{A \cup B}$

2 命題と条件

1 命題と条件

正しいか，正しくないかが明確に定まる文や式を**命題**という。命題が正しいとき，その命題は**真**であるといい，正しくないとき，その命題は**偽**であるという。

例
(1) 「長方形の4つの内角はすべて90°である。」は真の命題である。
(2) 「4辺の長さが等しい四角形は正方形である。」は偽の命題である。
(3) 「幾何学はおもしろい。」は命題ではない。

命題が「p ならば q である」の形で表されるとき，p をこの命題の**仮定**，q を**結論**といい，この命題を「$p \Longrightarrow q$」と表す。

全体集合を U とし，p, q を満たすものの集合をそれぞれ P, Q で表すとき，命題「$p \Longrightarrow q$」が真であることは，$P \subset Q$ であることと同じである。

命題「$p \Longrightarrow q$」が偽であることを示すには，それが成り立たない例，すなわち，「p であるが q でない」という例（**反例**）を1つあげればよい。

また，命題「$p \Longrightarrow q$」が真で，かつ命題「$q \Longrightarrow p$」も真であるとき，「$p \Longleftrightarrow q$」と表す。これは，$P=Q$ であることと同じである。

例 命題「四角形 ABCD の4辺の長さが等しい $\Longrightarrow$ 四角形 ABCD は正方形である」には，「四角形 ABCD がひし形のとき」という反例があるから，この命題は偽である。

問 4 次の命題の真偽を答えよ。また，偽であるときは反例をあげよ。
(1) △ABC の3つの内角が等しい $\Longrightarrow$ △ABC は正三角形である
(2) 四角形 ABCD の4つの内角が等しい $\Longrightarrow$ 四角形 ABCD は正方形である
(3) 対角線の長さが等しい四角形 ABCD は長方形である。

命題「$p \Longrightarrow q$」が真であるとき，
 p は q であるための**十分条件**である
 q は p であるための**必要条件**である   という。

$$p \Longrightarrow q$$
十分条件　　必要条件

例 命題「△ABC は正三角形である。」$\Longrightarrow$「△ABC は二等辺三角形である。」は真であるから，「△ABC は正三角形」は「△ABC は二等辺三角形」であるための十分条件であり，「△ABC は二等辺三角形」は「△ABC は正三角形」であるための必要条件である。

2つの命題「$p \Longrightarrow q$」,「$q \Longrightarrow p$」がともに真であるとき,すなわち「$p \Longleftrightarrow q$」であるとき,p は q であるための**必要十分条件**であるという。この場合,q は p であるための必要十分条件であるともいう。
 また,このとき,p と q は**同値**であるともいう。

|例| p：△ABC の3辺の長さは等しい。　q：△ABC の3つの内角は等しい。
とすると,「$p \Longleftrightarrow q$」であるから,p は q であるための必要十分条件である。

例題1　必要条件・十分条件・必要十分条件

次の □ に必要,十分,必要十分のいずれかを入れよ。
(1) 四角形 ABCD が長方形であることは,平行四辺形であるための □ 条件である。
(2) 四角形の対角線が互いに他を2等分することは,その四角形が平行四辺形であるための □ 条件である。
(3) 四角形の対角線が直交することは,その四角形がひし形であるための □ 条件である。

|解説|　「$p \Longrightarrow q$」が真のとき,$\begin{cases} p \text{ は } q \text{ であるための十分条件} \\ q \text{ は } p \text{ であるための必要条件} \end{cases}$ と考える。

|解答|　(1)　「四角形 ABCD が長方形 $\Longrightarrow$ 平行四辺形」は真
　　　　「四角形 ABCD が平行四辺形 $\Longrightarrow$ 長方形」は偽
　　　　(反例)　右の図の四角形 ABCD は,
　　　　　　　　平行四辺形であるが,長方形ではない。
　　　　ゆえに, □ に入るのは,十分。
(2)　「四角形の対角線が互いに他を2等分する $\Longrightarrow$ 平行四辺形」は真
　　　「平行四辺形 $\Longrightarrow$ 四角形の対角線が互いに他を2等分する」は真
　　　ゆえに, □ に入るのは,必要十分。
(3)　「四角形の対角線が直交する $\Longrightarrow$ ひし形」は偽
　　　(反例)　右の図の四角形 ABCD は,
　　　　　　　その対角線が直交するが,ひし形ではない。
　　　「ひし形 $\Longrightarrow$ 四角形の対角線は直交する」は真
　　　ゆえに, □ に入るのは,必要。

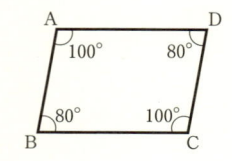

|参考|　「$p \Longrightarrow q$」を「(仮定) $\Longrightarrow$ (結論)」とおいて,
　　　$\begin{cases} \text{(仮定)は(結論)であるための十分条件} \\ \text{(結論)は(仮定)であるための必要条件} \end{cases}$ と覚えてもよい。

問5 △ABC で，次の □ に必要，十分，必要十分のいずれかを入れよ。
(1) ∠A＝90° は △ABC が直角三角形であるための □ 条件である。
(2) ∠A＜90° は △ABC が鋭角三角形であるための □ 条件である。
(3) AB＝AC は △ABC が二等辺三角形であるための □ 条件である。
(4) AB＝BC＝CA は，△ABC が正三角形であるための □ 条件である。

2 「かつ」・「または」・否定

全体集合を U として，条件 p, q を満たすものの集合をそれぞれ P, Q とする。
このとき，条件「**p かつ q**」を満たすものの集合は $P \cap Q$
　　　　　条件「**p または q**」を満たすものの集合は $P \cup Q$
　　　　　条件「**p でない**」を満たすものの集合は $\overline{P}$　　　である。
条件「p でない」を p の**否定**といい，$\overline{p}$ で表す。また，$\overline{p}$ の否定 $(\overline{\overline{p}})$ は p である。

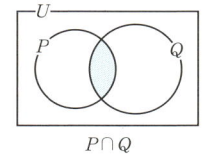

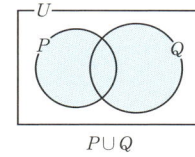

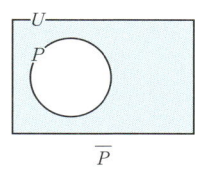

　　　　$P \cap Q$　　　　　　　　$P \cup Q$　　　　　　　　$\overline{P}$

> **注意** 日常生活で「p または q」というとき，p または q のどちらか一方のみが成り立つ場合を表すことが多い。しかし，数学では両方とも成り立つ場合も含まれている。

条件「p かつ q」，「p または q」の否定 $\overline{p \text{ かつ } q}$，$\overline{p \text{ または } q}$ について，ド・モルガンの法則を適用すると，次の法則が成り立つ。

> **●ド・モルガンの法則**
> $$\overline{p \text{ かつ } q} \Longleftrightarrow \overline{p} \text{ または } \overline{q} \qquad \overline{p \text{ または } q} \Longleftrightarrow \overline{p} \text{ かつ } \overline{q}$$

例 「$a=0$」の否定は「$a \neq 0$」
「$a>0$」の否定は「$a \leq 0$」
「$a>1$ かつ $b \leq 2$」の否定は「$a \leq 1$ または $b>2$」
「$a<-1$ または $a>1$」の否定は
「$a \geq -1$ かつ $a \leq 1$」すなわち「$-1 \leq a \leq 1$」

問6 次の条件の否定をつくれ。
(1) 「$a=0$ かつ $b=0$」　　　(2) 「$a<-2$ または $b \geq 7$」
(3) 「$x \leq -2$ または $x>6$」　　(4) 「$0 \leq x<1$」

3 「すべて」・「ある」

「すべての x」「ある x」について，真偽がはっきりする文章や式は命題である。

「すべての x について p である。」$\cdots\begin{cases} 1\text{つの例外もなく }p\text{ が成り立つならば} & \text{真} \\ p\text{ でない反例が1つでもあるならば} & \text{偽} \end{cases}$

「ある x について p である。」$\cdots\cdots\cdots\begin{cases} 1\text{つでも }p\text{ が成り立つならば} & \text{真} \\ \text{すべての }x\text{ について }p\text{ でないならば} & \text{偽} \end{cases}$

全体集合を U，条件 p を満たすものの集合を P とすると，「すべての x について p である。」が真となるとき $P=U$ である。また，「すべての x について p である。」が偽となるとき $P \neq U$ である。このとき，$\overline{P} \neq \varnothing$ となるので，条件 $\overline{p}$ を満たす U の要素が存在する。このことから，次のことが成り立つ。

---「すべて」と「ある」の否定---
「すべての x について p」の否定 $\iff$ 「ある x について $\overline{p}$」
「ある x について p」の否定 $\iff$ 「すべての x について $\overline{p}$」

注意 $\overline{p}$ の否定 $(\overline{\overline{p}})$ は p であるから，「すべての x について p」の否定である「ある x について $\overline{p}$」の否定は，「すべての x について p」となる。このことから，「ある x について p」の否定は「すべての x について $\overline{p}$」である。

例題2 「すべて」と「ある」
次の命題の否定をつくれ。また，もとの命題とその否定の真偽を調べよ。
(1) すべての実数 x について $x^2 > 0$
(2) ある実数 x について $x^3 > 0$

解説 「すべて」と「ある」の否定は，「すべて」と「ある」を入れかえて結論を否定。
$\overline{\text{「すべての }x\text{ について }p\text{」}} \iff \text{「ある }x\text{ について }\overline{p}\text{」}$
$\overline{\text{「ある }x\text{ について }p\text{」}} \iff \text{「すべての }x\text{ について }\overline{p}\text{」}$
分数で表される数を有理数という。実数とは，有理数と無理数を合わせた数を表す。

解答 (1) $x=0$ のとき $x^2 > 0$ とならないので，もとの命題は，偽。
否定は「ある実数 x について $x^2 \leqq 0$」。これは $x=0$ で成り立つから，真。
(2) $x=1$ で成り立つから，もとの命題は，真。
否定は「すべての実数 x について $x^3 \leqq 0$」。
これは，$x=1$ のとき $x^3 = 1$ となり成り立たないから，偽。

問7 次の命題の否定をつくれ。また，もとの命題とその否定の真偽を調べよ。
(1) すべての実数 x について $x^2 + 1 > 0$
(2) ある実数 x について $x^2 < 0$

3 命題と証明

1 逆・裏・対偶

命題「$p \Longrightarrow q$」に対して，
　　「$q \Longrightarrow p$」をもとの命題の**逆**
　　「$\bar{p} \Longrightarrow \bar{q}$」をもとの命題の**裏**
　　「$\bar{q} \Longrightarrow \bar{p}$」をもとの命題の**対偶**
という。$\bar{\bar{p}}$ の否定は p であることから，
「$\bar{q} \Longrightarrow \bar{p}$」の対偶は「$p \Longrightarrow q$」となる。

例 命題「$x=1 \Longrightarrow x^2=1$」は真である。
　　この命題の逆は「$x^2=1 \Longrightarrow x=1$」で，$x=-1$ が反例となり，偽。
　　この命題の裏は「$x \neq 1 \Longrightarrow x^2 \neq 1$」で，$x=-1$ が反例となり，偽。
　　この命題の対偶は「$x^2 \neq 1 \Longrightarrow x \neq 1$」で，真である。

注意 一般に，真である命題の逆は真であるとは限らない。

全体集合を U，条件 p，q を満たすものの集合をそれぞれ P，Q とする。
　　「$p \Longrightarrow q$」が真であることと，$P \subset Q$ は同値
　　「$\bar{q} \Longrightarrow \bar{p}$」が真であることと，$\bar{Q} \subset \bar{P}$ は同値
である。ここで，右の図より $P \subset Q \Longleftrightarrow \bar{Q} \subset \bar{P}$
ゆえに　「$p \Longrightarrow q$」$\Longleftrightarrow$「$\bar{q} \Longrightarrow \bar{p}$」
したがって，**命題「$p \Longrightarrow q$」とその対偶「$\bar{q} \Longrightarrow \bar{p}$」の真偽は一致する。**

問8 次の命題の逆，裏，対偶をつくり，その真偽を調べよ。
(1) $x^2=x \Longrightarrow x=1$
(2) 四角形 ABCD が平行四辺形ならば，AB＝CD かつ AD＝BC

例 命題「整数 n で，n^2 が偶数ならば，n は偶数である。」を証明するとき，その命題と対偶は真偽が一致するので，その対偶を証明してもよい。
「n は偶数」の否定は「n は奇数」であるから，この命題の対偶をとると，
「整数 n で，n が奇数ならば，n^2 は奇数である。」となる。
$n=2k+1$（k は整数）とおくと
$n^2=(2k+1)^2=4k^2+4k+1=2(2k^2+2k)+1$
$2k^2+2k$ は整数であるから，n が奇数ならば，n^2 は奇数である。もとの命題と対偶は真偽が一致するから，n^2 が偶数ならば，n は偶数である。

問9 「実数 a，b で，$a+b>0$ ならば，$a>0$ または $b>0$」を証明せよ。

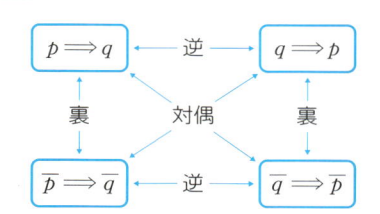

2 背理法

命題「$p \Longrightarrow q$」を証明するとき，仮定 p であるならば，結論は q であるか，q でないかのどちらかであり，一方は必ず成り立つ。つまり，q でないと仮定して矛盾が生じるならば，結論は必ず q であり，「$p \Longrightarrow q$」は成り立つ。このような証明法を，**背理法**という。これは，「$p \Longrightarrow q$」と真偽が一致する対偶「$\overline{q} \Longrightarrow \overline{p}$」を証明していることと同じである。

> **例題3　背理法**
> 三角形の内角のうち，少なくとも1つの角は60°以上であることを証明せよ。

解説　背理法で証明する。
「少なくとも1つの角は60°以上」は「ある角が60°以上」と同じで，その否定は「すべての角が60°未満」となる。
よって，この命題の結論を否定すると，
　　　　　三角形のすべての内角は60°未満である
となる。
また，証明は三角形を △ABC として考えると説明しやすい。

証明　△ABC について，すべての角が60°未満であると仮定する。
　　　すなわち　$\angle A < 60°$, $\angle B < 60°$, $\angle C < 60°$
　　　このとき　$\angle A + \angle B + \angle C < 60° + 60° + 60°$
　　　よって　　$\angle A + \angle B + \angle C < 180°$
　　　これは，三角形の内角の和が180°であることに矛盾する。
　　　このことは，3つの内角のすべてが60°未満であると仮定したことによる。
　　　ゆえに，三角形の内角のうち，少なくとも1つの角は60°以上である。

命題「$p \Longrightarrow q$」を背理法を用いて証明する流れを整理すると次のようになる。

> **背理法**
> ① 命題「$p \Longrightarrow q$」の結論 q について，q でないと仮定する。
> ② 条件 p などに対しての矛盾を導く。
> ③ 矛盾が生じたのは，①のように仮定したためである。
> ④ ゆえに，「$p \Longrightarrow q$」が成り立つ。

問10　4辺の長さの和が20cmの四角形 ABCD の4辺のうち，少なくとも1辺は5cm以上であることを，背理法で証明せよ。

例題3では，結論を否定したことが，「三角形の内角の和が180°である。」という定理に反することから矛盾を導いた。数学では，すでに正しいと認められたことがらを根拠にして推論を進め，つぎの正しいことがらを求める。このことを繰り返して，どんどん新しい性質を見つけている。このように，「正しいとわかっていることがらを根拠にして推論を進め，あることがらが正しいことを説明する」ことが**証明**であり，得られたことがらのうちで重要なことがらが**定理**である。

また，証明なしで認め，あらかじめ正しいとされている推論の基礎となることがらを**公理**という。

公理の例として，次のようなものがある。

① 同じものに等しいものは，互いに等しい。
　$A=B$ かつ $A=C$ ならば，$B=C$
② 等しいものに等しいものを加えると，その結果は等しい。
　$A=B$ かつ $C=D$ ならば，$A+C=B+D$
③ 異なる2点を通る直線は，ただ1つある。
④ 一直線上にない1点を通り，この直線に平行な直線は1つしかない。
（平行線の公理）

例題4　背理法
　平面上の平行な2直線を ℓ, m とする。この平面上の直線 n が ℓ と交わるならば，n は m とも交わることを証明せよ。

[解説] 結論を否定して「直線 n は m と交わらない」と仮定すると，平行線の公理「一直線上にない1点を通り，この直線に平行な直線は1つしかない。」に矛盾することを導く。

[証明] 直線 n は m と交わらないと仮定すると，m と n は同じ平面上にあるから，m と n は平行な直線となる。
　直線 ℓ と n は交わるから，その交点をPとすると，ℓ と n はともにPを通り，n に平行な直線となる。すなわち，直線 m 上にない点Pを通り m に平行な直線が，ℓ と n の2本あることになる。
これは，平行線の公理「一直線上にない1点を通り，この直線に平行な直線は1つしかない。」に矛盾する。
　このことは，直線 n は m と交わらないと仮定したことによる。
　よって，直線 n は m と交わる。
　ゆえに，直線 n が ℓ と交わるならば，n は m とも交わる。

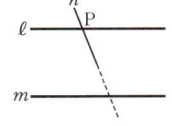

問11　平面上の異なる3直線 ℓ, m, n について，
　　　　　$\ell /\!/ m$ かつ $\ell /\!/ n$ ならば，$m /\!/ n$
が成り立つことを，平行線の公理を利用して背理法で証明せよ。

研究　転換法と同一法

証明には，公理や定理などを用いて，仮定から直接結論を導く**直接証明法**と，間接的に証明する**間接証明法**がある。背理法は間接証明法の１つである。ここでは，間接証明法である転換法と同一法について紹介する。

● 転換法

いくつかの真の命題「$p_1 \Longrightarrow q_1$」，「$p_2 \Longrightarrow q_2$」，「$p_3 \Longrightarrow q_3$」，… について，次の①，②であるとき，すべての命題の逆「$q_1 \Longrightarrow p_1$」，「$q_2 \Longrightarrow p_2$」，「$q_3 \Longrightarrow p_3$」，… が成り立つ。

① 仮定 p_1, p_2, p_3, … は，起こりうるすべての場合があげられている。
② 結論 q_1, q_2, q_3, … は，どの２つをとっても同時に起こることはない。

この証明法を**転換法**という。これが正しいことは，次のようにしてわかる。

q_1 であって p_1 でないものがあるとすると，①から p_2, p_3, … のいずれかである。それを p_2 とすると「$q_1 \Longrightarrow p_2$」。また，「$p_2 \Longrightarrow q_2$」が成り立つから「$q_1 \Longrightarrow p_2 \Longrightarrow q_2$」，すなわち，$q_1$ であって q_2 であるものが存在することになる。これは②に反する。p_3, p_4, … についても同様のことがいえるから，q_1 であるなら p_1 でなければならない。

ゆえに　「$q_1 \Longrightarrow p_1$」

同様に，「$q_2 \Longrightarrow p_2$」，「$q_3 \Longrightarrow p_3$」，… も成り立つ。

例　△ABC について，次の①，②，③が成り立つことを用いて，①，②，③の逆が成り立つことを証明せよ。
① $\angle A < 90° \Longrightarrow BC^2 < CA^2 + AB^2$
② $\angle A = 90° \Longrightarrow BC^2 = CA^2 + AB^2$
③ $\angle A > 90° \Longrightarrow BC^2 > CA^2 + AB^2$

[解説]　$\angle A$ は，$\angle A < 90°$，$\angle A = 90°$，$\angle A > 90°$ のいずれかである。
　　$BC^2 < CA^2 + AB^2$　……④　とすると，
　　$\angle A = 90°$ のとき，②より $BC^2 = CA^2 + AB^2$ であるから④に反する。
　　$\angle A > 90°$ のとき，③より $BC^2 > CA^2 + AB^2$ であるから④に反する。
　　よって　$\angle A < 90°$　　ゆえに　$BC^2 < CA^2 + AB^2 \Longrightarrow \angle A < 90°$
　　同様に　$BC^2 = CA^2 + AB^2 \Longrightarrow \angle A = 90°$，　$BC^2 > CA^2 + AB^2 \Longrightarrow \angle A > 90°$
　　このことを転換法で表すと，次のようになる。

[解答]　$\angle A < 90°$，$\angle A = 90°$，$\angle A > 90°$ は，$\angle A$ について起こりうるすべての場合である。また，$BC^2 < CA^2 + AB^2$，$BC^2 = CA^2 + AB^2$，$BC^2 > CA^2 + AB^2$ は，どの２つをとっても同時に起こることはない。ゆえに，転換法により，①，②，③の逆は成り立つ。

● 同一法

命題「$p \Longrightarrow q$」を証明する方法の1つに，条件 p を満たす r を考えると，q と r が一致することから結論が q であることを導く方法があり，これを**同一法**または**一致法**という。真である命題の逆を証明するときに，よく用いられる。

例　（中点連結定理）

△ABC の辺 AB，AC の中点をそれぞれ D，E とすると，

$$DE \mathbin{/\mkern-5mu/} BC \text{ かつ } DE = \frac{1}{2} BC$$

が成り立つ。

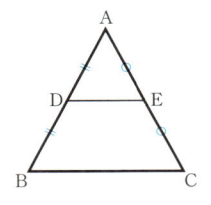

この定理の逆と考えることができる次の定理を，同一法で証明する。

（中点連結定理の逆）

△ABC の辺 AB の中点 D を通り，辺 BC に平行な直線と辺 AC との交点を E とすると，E は AC の中点である。

解説　辺 AC の中点を E′ として，E と E′ が一致することから結論を導く。このとき，平行線の公理を用いる。

証明　辺 AC の中点を E′ とする。

中点連結定理より　　DE′ // BC
仮定より　　　　　　DE // BC

平行線の公理「一直線上にない1点を通り，この直線に平行な直線は1つしかない。」から，直線 DE と DE′ は同じ直線である。

よって，点 E と E′ は一致する。

ゆえに，E は AC の中点である。

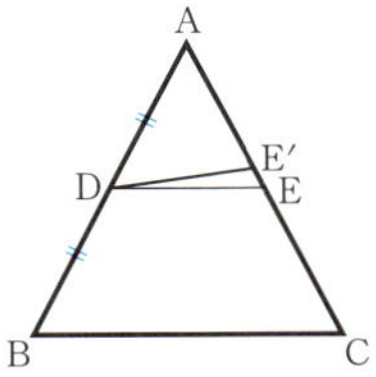

注意　E が AC の中点であることから，中点連結定理より $DE = \frac{1}{2} BC$ が成り立つ。

参考　（中点連結定理）で，「△ABC で，D は辺 AB の中点」を共通の仮定として次のように仮定と結論の一部を入れかえた命題をつくると，（中点連結定理の逆）と考えることができる。

（中点連結定理）	逆	（中点連結定理の逆）
△ABC で，D は辺 AB の中点で E は辺 AC の中点 $\Longrightarrow$ DE // BC	→	△ABC で，D は辺 AB の中点で DE // BC $\Longrightarrow$ E は辺 AC の中点

3―命題と証明

演習問題

1 $U=\{x|x$ は 10 以下の正の整数$\}$ を全体集合とし，その部分集合を
$A=\{1, 2, 3, 4, 5, 6\}$，$B=\{2, 4, 6, 8, 10\}$，$C=\{2, 3, 4, 8, 9\}$
とするとき，次の集合を求めよ。

(1) $A \cap B \cap C$
(2) $\overline{A \cup B \cup C}$
(3) $A \cup (B \cap C)$
(4) $(\overline{A \cup B}) \cap C$

2 次の □ に必要，十分，必要十分のうち，最も適するものを入れよ。
ただし，適するものがない場合は×を入れよ。

(1) 条件 p を「△ABC＝△DEF」，条件 q を「△ABC≡△DEF」，
条件 r を「△ABC∽△DEF」とするとき，p は q であるための ［ア］ 条件，
q は r であるための ［イ］ 条件，r は p であるための ［ウ］ 条件である。

(2) 条件 p を「四角形 ABCD が長方形である。」，条件 q を「四角形 ABCD が
ひし形である。」，条件 r を「四角形 ABCD が正方形である。」とするとき，
p は q であるための ［エ］ 条件，q は r であるための ［オ］ 条件，
r は p であるための ［カ］ 条件である。

(3) 四角形 ABCD において，平行四辺形であることはそれぞれ，
∠A＝∠B＝∠C＝∠D であるための ［キ］ 条件，
AB＝CD，AB∥CD であるための ［ク］ 条件，
AD＝BC，AB∥CD であるための ［ケ］ 条件，
AB＝CD，∠B＝∠D であるための ［コ］ 条件 である。

3 次の命題の真偽を調べよ。また，その逆，裏，対偶をつくり，真偽を調べよ。

(1) a，b，c を実数とするとき，
$a>0$ かつ $b>0$ かつ $c>0$ ならば，$abc>0$

(2) △ABC において，
$AB^2+CA^2=BC^2$ ならば，∠A＝90°

4 ★★ 3つの整数 a，b，c が $a^2+b^2=c^2$ を満たすとき，a，b，c のうち，少なくとも1つは偶数であることを証明せよ。

5 ★★ 「円の接線は接点を通る半径に垂直である。」こと，すなわち，「直線 ℓ と円 O が点 A で接するならば，OA と ℓ は垂直である。」ことを証明せよ。

1章 三角形の性質

1 三角形と比

線分 AB 上に点 P があり，AP：PB＝$m:n$ が成り立つとき，P は AB を $m:n$ に**内分する**という。

線分 AB（または BA）の延長上に点 Q があり，AQ：QB＝$m:n$ が成り立つとき，Q は AB を $m:n$ に**外分する**という。

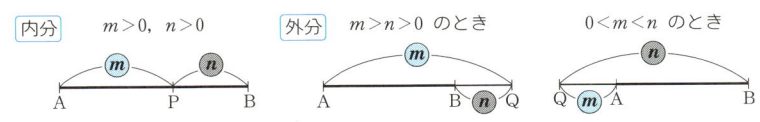

|内分| $m>0, n>0$　|外分| $m>n>0$ のとき　　　　$0<m<n$ のとき

例 右の図で，点 P，Q，R，S は線分 AB を 5 等分している。
点 P は線分 AB を 1：4 に内分する。
点 B は線分 AR を 5：2 に外分する。
点 A は線分 QS を 1：2 に外分する。

問 1 右の図で，点 P，Q，R，S，T，U は線分 AB を 7 等分している。
(1) 点 P，S は，線分 AB をそれぞれどんな比に内分するか。
(2) 点 A，B は，線分 QU をそれぞれどんな比に外分するか。

三角形における平行線と比の性質は，内分，外分を使うと次のようになる。
(1) 三角形の 1 辺に平行な直線は，他の 2 辺を等しい比に内分または外分する。
(2) 三角形の 2 辺を等しい比に内分する 2 点，または等しい比に外分する 2 点を結ぶ直線は，残りの辺に平行である。

下の 3 つの図の △ABC で，$\begin{cases} DE \mathbin{/\mkern-5mu/} BC \iff AD:DB=AE:EC \\ DE \mathbin{/\mkern-5mu/} BC \iff AD:AB=AE:AC \\ DE \mathbin{/\mkern-5mu/} BC \implies AD:AB=DE:BC \end{cases}$

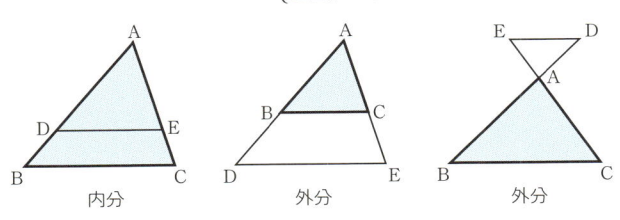

内分　　　　　　外分　　　　　　外分

三角形の内角および外角の二等分線の性質を調べてみる。

> ●三角形の内角の二等分線の定理
>
> △ABC の ∠A の二等分線と対辺 BC との交点を P とするとき，
>   BP：PC＝AB：AC
> （点 P は辺 BC を AB：AC の比に内分する）

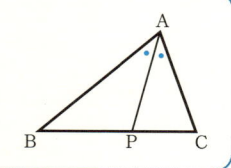

証明　頂点 C を通り線分 AP に平行な直線と，辺 BA の延長との交点を D とする。
　　AP∥DC より　BA：AD＝BP：PC ……①
　　　　　　　　∠BAP＝∠ADC（同位角）
　　　　　　　　∠PAC＝∠ACD（錯角）
　　AP は ∠A の二等分線より　∠BAP＝∠PAC
　　よって　∠ADC＝∠ACD
　　ゆえに，△ACD で　AC＝AD ……②
　　①，②より　BP：PC＝AB：AC

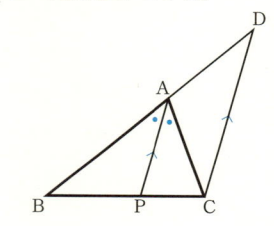

> ●三角形の外角の二等分線の定理
>
> △ABC の ∠A の外角の二等分線と対辺 BC の延長との交点を Q とするとき，
>   BQ：QC＝AB：AC
> （点 Q は辺 BC を AB：AC の比に外分する）

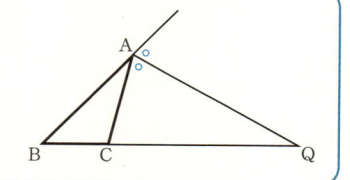

証明　AB＞AC のとき，頂点 C を通り線分 QA に平行な直線と辺 AB との交点を D とする。
　　辺 BA の延長上に点 E をとる。
　　AQ∥DC より　AB：AD＝QB：QC ……①
　　　　　　　　∠EAQ＝∠ADC（同位角）
　　　　　　　　∠QAC＝∠ACD（錯角）
　　AQ は ∠EAC の二等分線より　∠EAQ＝∠QAC
　　よって　∠ADC＝∠ACD
　　ゆえに，△ACD で　AC＝AD ……②
　　①，②より　BQ：QC＝AB：AC

参考　AB＜AC のときも，CA を延長した外角を考えて同様に証明できる。また，右の図のように証明してもよい。

注意　この定理は，AB≠AC のときに成り立つ。
AB＝AC のときは，∠A の外角の二等分線は辺 BC と平行になる。

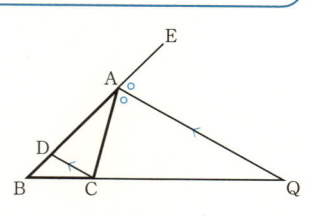

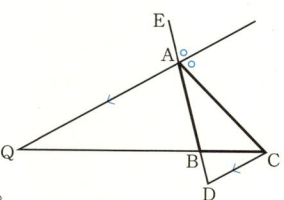

例 △ABC において，AB=6, BC=5, CA=4 のとき，∠A およびその外角の二等分線と，辺 BC およびその延長との交点をそれぞれ P, Q とする。このとき，線分 BP, BQ の長さを求めてみる。

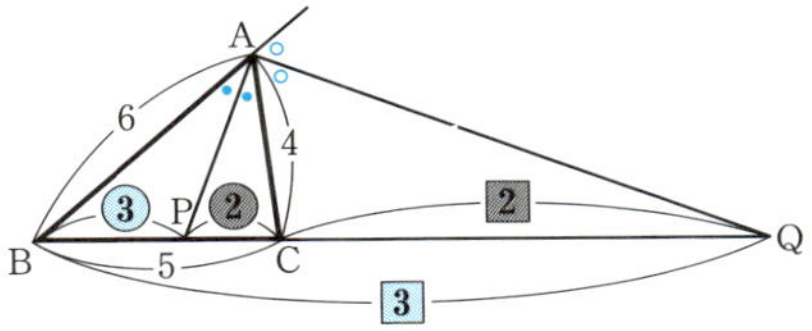

AP は ∠A の二等分線より
$$BP:PC=AB:AC$$
よって BP:PC=6:4=3:2

ゆえに $BP=\dfrac{3}{3+2}BC=\dfrac{3}{5}\times 5=3$

AQ は ∠A の外角の二等分線より BQ:QC=AB:AC
よって BQ:QC=6:4=3:2

ゆえに $BQ=\dfrac{3}{3-2}BC=3\times 5=15$

問2 次の図の △ABC で，線分 BD の長さを求めよ。

(1) AD は ∠A の二等分線

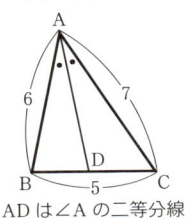

(2) AD は ∠A の外角の二等分線

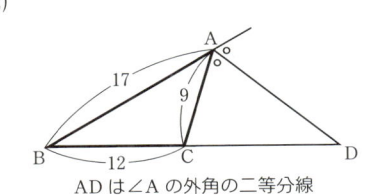

三角形の内角，外角の二等分線の定理は，その逆も成り立つ。

──●**三角形の内角，外角の二等分線の定理の逆**──
△ABC において，辺 BC を AB:AC の比に内分，外分する点をそれぞれ P, Q とすると，
(1) AP は ∠A を2等分する。　　(2) AQ は ∠A の外角を2等分する。

証明 (1) 線分 BA の延長上に，AD=AC となる点 D をとると，△ACD は二等辺三角形であるから　∠ACD=∠ADC　……①
BP:PC=AB:AC, AC=AD より
BP:PC=BA:AD であるから　AP∥DC
よって　∠BAP=∠ADC（同位角）……②
∠CAP=∠ACD（錯角）　……③
①，②，③より　∠BAP=∠CAP
ゆえに，AP は ∠A を2等分する。

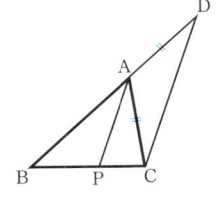

問 3 ★ 右の図の $\triangle ABC$ で，辺 BC を $AB:AC$ の比に外分する点を Q とする。辺 AB 上に $AD=AC$ となる点 D をとり，線分 BA の延長上に点 E をとる。このとき，AQ は $\angle A$ の外角（$\angle EAC$）を 2 等分することを証明せよ。
（三角形の外角の二等分線の定理の逆の証明）

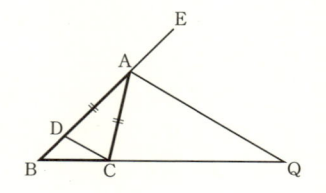

例題 1　　三角形の内角の二等分線の定理

$\triangle ABC$ の辺 BC の中点を M とする。$\angle AMB$, $\angle AMC$ の二等分線と辺 AB, AC との交点をそれぞれ D, E とするとき，次の問いに答えよ。
(1) $DE /\!/ BC$ であることを証明せよ。
(2) $\triangle ADM = \triangle AEM$ であることを証明せよ。

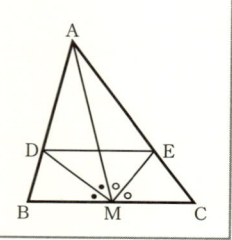

|解説|　(1) $\triangle MAB$, $\triangle MAC$ で，三角形の内角の二等分線の定理を利用する。
(2) $DE /\!/ BC$ より，三角形における比の性質から $AD:AB=AE:AC$ となる。

|証明|　(1) $\triangle MAB$ で，MD は $\angle AMB$ の二等分線であるから
$$MA:MB=AD:DB \quad \cdots\cdots ①$$
同様に，$\triangle MAC$ で，ME は $\angle AMC$ の二等分線であるから
$$MA:MC=AE:EC \quad \cdots\cdots ②$$
M は辺 BC の中点であるから　$MB=MC$ 　……③
①，②，③より　$AD:DB=AE:EC$
ゆえに　$DE /\!/ BC$

(2) $MB=MC$ より　$\triangle ABM = \triangle ACM$ 　……④
(1)より $DE /\!/ BC$ であるから
$$AD:AB=AE:AC \quad \cdots\cdots ⑤$$
$\triangle ADM = \dfrac{AD}{AB}\triangle ABM$, $\triangle AEM = \dfrac{AE}{AC}\triangle ACM$ であるから
④，⑤より　$\triangle ADM = \triangle AEM$

問 4　$\triangle ABC$ の $\angle B$, $\angle C$ の二等分線とその対辺との交点をそれぞれ D, E とする。$ED /\!/ BC$ のとき，$\triangle ABC$ は二等辺三角形であることを証明せよ。

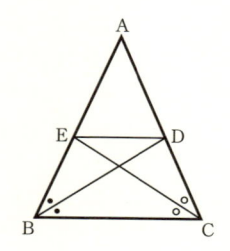

2 三角形の辺と角の大小関係

ここでは，三角形の辺や角の大小について，どのような性質があるか調べる。

---**三角形の辺と角の大小関係**---

1 △ABC で，
  AB>AC ならば ∠C>∠B
2 △ABC で，
  ∠C>∠B ならば AB>AC

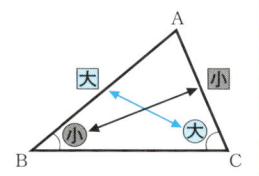

[証明] 1 AB>AC であるから，辺 AB 上に
  AD=AC となる点 D をとることができる。
  △ADC で，AD=AC より ∠ADC=∠ACD
  △DBC で，∠ADC=∠B+∠BCD
  よって ∠ACB=∠ACD+∠BCD
    =∠ADC+∠BCD=∠B+2∠BCD
  ∠BCD>0 より ∠ACB>∠B
  ゆえに，△ABC で，AB>AC ならば ∠C>∠B

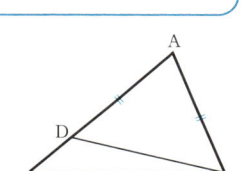

2 辺 AB と AC の大小は，次の 3 通りのうちのいずれかである。
  AB>AC, AB=AC, AB<AC
  AB=AC とすると，△ABC は二等辺三角形となるから ∠C=∠B
  AB<AC とすると，1 より ∠C<∠B
  どちらの場合も仮定の ∠C>∠B に反する。
  よって AB>AC
  ゆえに，△ABC で，∠C>∠B ならば AB>AC

[注意] 2 の証明法を転換法という。（p.10 参照）

[参考] 三角形の辺と角の大小関係についてまとめると，次のようになる。

> 1 1つの三角形で，大きい辺に対する角は，小さい辺に対する角より大きい。
> 2 1つの三角形で，大きい角に対する辺は，小さい角に対する辺より大きい。

[例] 「直角三角形の斜辺は最大辺である。」ことを証明する。
  △ABC で，∠C=90° とすると，
    ∠C>∠A より AB>BC
    ∠C>∠B より AB>CA
  よって，辺 AB は 3 辺のうち最大である。
  ゆえに，直角三角形の斜辺は最大辺である。

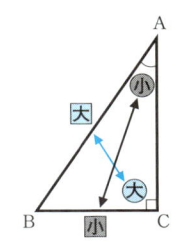

問 5 △ABC について，次の問いに答えよ。
(1) AB＝7，BC＝8，CA＝9 のとき，∠A，∠B，∠C を小さい順に並べよ。
(2) ∠A＝70°，∠B＝80° のとき，辺 AB，BC，CA を小さい順に並べよ。
(3) ∠A＞∠B，∠C＝60° のとき，辺 AB，BC，CA を小さい順に並べよ。
(4) ∠A＝90°，BC＝6，CA＝4 のとき，∠A，∠B，∠C を小さい順に並べよ。

例題 2　三角形の辺と角の大小関係

AB＞AC の △ABC で，∠B，∠C の二等分線の交点を I とするとき，IB＞IC であることを証明せよ。

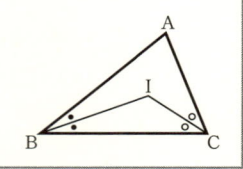

解説　IB＞IC であることを示すためには，△IBC で，∠ICB＞∠IBC であることを示せばよい。

証明　△ABC で，AB＞AC より　∠C＞∠B　……①
IB，IC はそれぞれ ∠B，∠C の二等分線であるから
$$\angle \text{IBC}=\frac{1}{2}\angle \text{B}, \quad \angle \text{ICB}=\frac{1}{2}\angle \text{C} \quad \cdots\cdots ②$$
①，②より　∠ICB＞∠IBC
△IBC で，∠ICB＞∠IBC より　IB＞IC

問 6　AB＝AC の二等辺三角形 ABC の辺 BC 上に頂点 B，C と異なる点 P があるとき，AB＞AP であることを証明せよ。

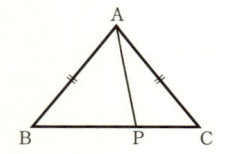

つぎに，三角形をつくることができる 3 辺の長さの条件について調べる。

●三角形の成立条件

三角形の 2 辺の長さの和は，他の 1 辺の長さより大きい。
△ABC で，BC＝a，CA＝b，AB＝c とするとき，
$$b+c>a, \quad c+a>b, \quad a+b>c$$
(この 3 つの不等式を**三角形の成立条件**ということがある。)
また，これらの不等式を a に着目すると，
$$|b-c|<a<b+c$$

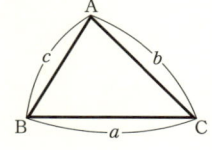

[証明] 辺BAの延長上に点Dを，AD＝AC となるようにとり，点CとDを結ぶ。
　　　△ACDで，AC＝AD より　　　∠ACD＝∠ADC
　　　∠BCD＞∠ACD であるから　　∠BCD＞∠ADC
　　　すなわち，△BCD で
　　　∠BCD＞∠BDC であるから　　BD＞BC
　　　BD＝BA＋AD，AD＝AC より　 BA＋AC＞BC
　　　よって　$b+c>a$
　　　同様に　$c+a>b$，$a+b>c$
　　　ゆえに　$b+c>a$，$c+a>b$，$a+b>c$
　　　また，これらの不等式は $b+c>a$，$a>b-c$，$a>c-b$ となるから，
　　　　　　$|b-c|<a<b+c$　と表すことができる。

例 6，8，x の長さの線分を3辺とする三角形ができるような x の値を求める。
三角形の成立条件にあてはめると
　　　　　　$8-6<x<8+6$
ゆえに　　　$2<x<14$

問7 次の3つの長さの線分を3辺とする三角形ができるとき，正の数 x の値の範囲を求めよ。
(1)　6，2，x
(2)　8，$(8-x)$，$(2x-1)$

例題3　三角形の成立条件
　△ABC の内部に点Pをとるとき，
　AB＋AC＞PB＋PC であることを証明せよ。

[解説] 線分BPの延長と辺ACとの交点をDとし，△ABD，△PCD で，三角形の成立条件を利用する。

[証明] 線分BPの延長と辺ACとの交点をDとする。
　　　△ABDで　AB＋AD＞BD　……①
　　　△PCDで　PD＋DC＞PC　……②
　　　①，②の辺々を加えると
　　　　　　AB＋AD＋PD＋DC＞BD＋PC
　　　AC＝AD＋DC，BD＝BP＋PD であるから
　　　　　　AB＋AC＋PD＞BP＋PC＋PD
　　　ゆえに　AB＋AC＞PB＋PC

問8 △ABC の3辺 BC，CA，AB 上にそれぞれ頂点と異なる点D，E，F をとるとき，AB＋BC＋CA＞DE＋EF＋FD であることを証明せよ。

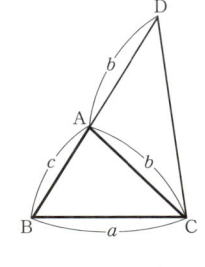

3 三角形の比の定理

底辺 BC を共有する △ABC と △A'BC で,頂点 A,A' を結ぶ直線と辺 BC,またはその延長との交点を P とするとき,

$\quad$ △ABC：△A'BC＝AP：A'P が成り立つ。

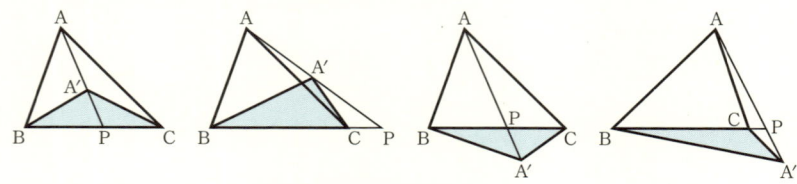

このことを使って,次の**チェバの定理**を証明する。

> ●**チェバの定理**
> △ABC の 3 つの頂点 A,B,C と,三角形の辺上にもその延長上にもない点 O とを結ぶ直線が,対辺 BC,CA,AB,またはその延長とそれぞれ点 P,Q,R で交わるとき,
> $$\frac{BP}{PC} \cdot \frac{CQ}{QA} \cdot \frac{AR}{RB} = 1$$
> が成り立つ。

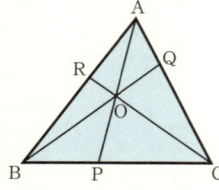

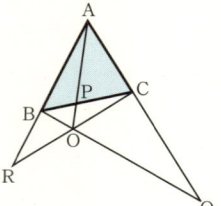

[証明] △ABO と △ACO は,辺 AO を共有するから $\dfrac{\triangle ABO}{\triangle ACO} = \dfrac{BP}{PC}$

同様に $\dfrac{\triangle BCO}{\triangle BAO} = \dfrac{CQ}{QA}$, $\dfrac{\triangle CAO}{\triangle CBO} = \dfrac{AR}{RB}$

よって $\dfrac{BP}{PC} \cdot \dfrac{CQ}{QA} \cdot \dfrac{AR}{RB} = \dfrac{\triangle ABO}{\triangle ACO} \cdot \dfrac{\triangle BCO}{\triangle BAO} \cdot \dfrac{\triangle CAO}{\triangle CBO} = 1$

ゆえに $\dfrac{BP}{PC} \cdot \dfrac{CQ}{QA} \cdot \dfrac{AR}{RB} = 1$

[参考] チェバの定理の式を利用するとき,右の図のように,3 頂点のうちの 1 つを出発点とみて（右の図では頂点 B）,各辺を内分または外分する比を

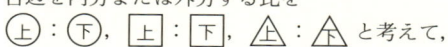

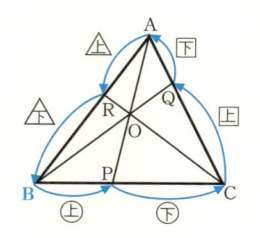

⬆️上:⬇️下,⬆️上:⬇️下,△:△ と考えて,

$\dfrac{\text{上}}{\text{下}} \cdot \dfrac{\text{上}}{\text{下}} \cdot \dfrac{\triangle}{\triangle} = 1$ にあてはめればよい。

例 右の図の △ABC で，BP：PC＝3：5，
CQ：QA＝2：3 であるとき，AR：RB を求めてみる。

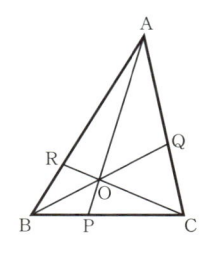

チェバの定理から $\dfrac{BP}{PC}\cdot\dfrac{CQ}{QA}\cdot\dfrac{AR}{RB}=1$ であるから

$\dfrac{3}{5}\cdot\dfrac{2}{3}\cdot\dfrac{AR}{RB}=1$　よって　$\dfrac{AR}{RB}=\dfrac{5}{2}$

ゆえに　AR：RB＝5：2

問 9 次の図の △ABC で，AR：RB を求めよ。

(1) BP：PC＝3：1
CQ：QA＝2：5

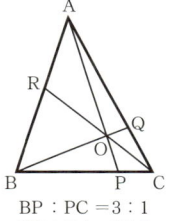

(2) BP：PC＝1：1
CQ：QA＝2：7

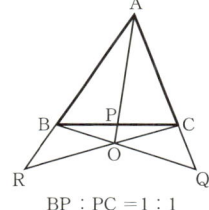

チェバの定理は，その逆も成り立つ。
3 点 P，Q，R が △ABC の辺上にあるときを証明する。

── ●チェバの定理の逆 ──
△ABC の辺 BC，CA，AB 上にそれぞれ点 P，Q，R があり，
$$\dfrac{BP}{PC}\cdot\dfrac{CQ}{QA}\cdot\dfrac{AR}{RB}=1$$
が成り立つとき，3 直線 AP，BQ，CR は 1 点で交わる。

[証明] 線分 BQ と CR の交点を O とし，線分 AO の延長と
辺 BC との交点を P′ とすると

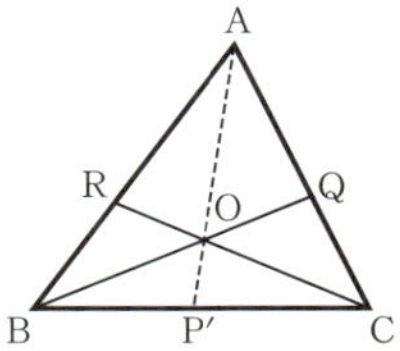

　チェバの定理から　$\dfrac{BP'}{P'C}\cdot\dfrac{CQ}{QA}\cdot\dfrac{AR}{RB}=1$

　また，仮定より　$\dfrac{BP}{PC}\cdot\dfrac{CQ}{QA}\cdot\dfrac{AR}{RB}=1$

　よって　$\dfrac{BP'}{P'C}=\dfrac{BP}{PC}$

点 P，P′ はともに辺 BC 上にあるから，P′ は P と一致する。
ゆえに，3 直線 AP，BQ，CR は 1 点で交わる。

[注意] このような証明法を同一法という。（p.11 参照）

直線と三角形の辺，またはその延長が交点をもつとき，次の**メネラウスの定理**が成り立つ。

> **●メネラウスの定理**
> △ABC の 3 辺 BC，CA，AB，またはその延長が，頂点を通らない 1 つの直線とそれぞれ点 P，Q，R で交わるとき，
> $$\frac{BP}{PC} \cdot \frac{CQ}{QA} \cdot \frac{AR}{RB} = 1$$
> が成り立つ。

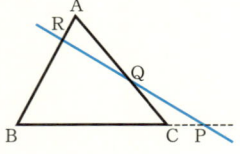

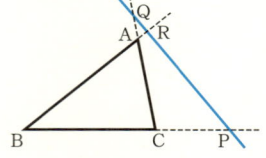

証明 右の図のように，頂点 C を通り直線 PQ に平行な直線と，辺 AB との交点を R′ とすると

$$\frac{BP}{PC} = \frac{BR}{RR'}$$

$$\frac{CQ}{QA} = \frac{R'R}{RA}$$

よって $\dfrac{BP}{PC} \cdot \dfrac{CQ}{QA} \cdot \dfrac{AR}{RB} = \dfrac{BR}{RR'} \cdot \dfrac{R'R}{RA} \cdot \dfrac{AR}{RB} = 1$

ゆえに $\dfrac{BP}{PC} \cdot \dfrac{CQ}{QA} \cdot \dfrac{AR}{RB} = 1$

参考 メネラウスの定理の式を利用するとき，チェバの定理と同様に，3 頂点のうちの 1 つを出発点とみて，各辺を内分または外分する比を
⊥：下，上：下，△：△ と考えて，

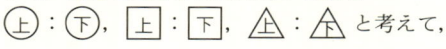

$$\frac{上}{下} \cdot \frac{上}{下} \cdot \frac{△}{△} = 1 \text{ にあてはめればよい。}$$

例 右の図の △ABC で，BP：PC＝13：9，CQ：QA＝3：1 であるとき，AR：RB を求めてみる。

メネラウスの定理から

$\dfrac{BP}{PC} \cdot \dfrac{CQ}{QA} \cdot \dfrac{AR}{RB} = 1$ であるから

$\dfrac{13}{9} \cdot \dfrac{3}{1} \cdot \dfrac{AR}{RB} = 1$ よって $\dfrac{AR}{RB} = \dfrac{3}{13}$ ゆえに AR：RB＝3：13

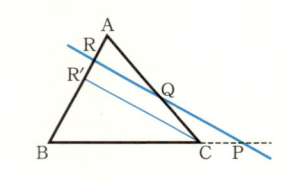

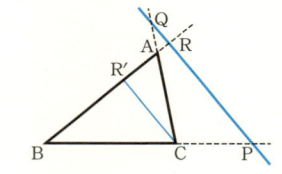

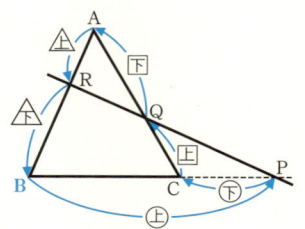

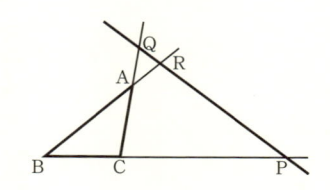

問10 次の図の △ABC で，AR：RB を求めよ。

(1) BP：PC ＝ 3：1
CQ：QA ＝ 5：7

(2) BP：PC ＝ 3：1
CQ：QA ＝ 1：7

メネラウスの定理についても，その逆が成り立つ。

●メネラウスの定理の逆

△ABC の辺 BC，CA，AB，またはその延長上にそれぞれ点 P，Q，R があり（この 3 点のうち 1 つまたは 3 つが辺の延長上にあり），

$$\frac{BP}{PC} \cdot \frac{CQ}{QA} \cdot \frac{AR}{RB} = 1$$

が成り立つとき，3 点 P，Q，R は一直線上にある。

問11 ★ 右の図の △ABC で，辺 BC の延長上に点 P，辺 CA，AB 上にそれぞれ点 Q，R があり，$\frac{BP}{PC} \cdot \frac{CQ}{QA} \cdot \frac{AR}{RB} = 1$ が成り立つとき，3 点 P，Q，R は一直線上にあることを，同一法で証明せよ。

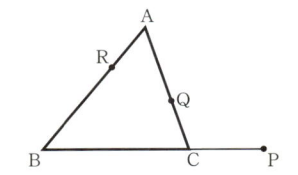

コラム チェバとメネラウス

チェバはイタリアの数学者で，17 世紀後半にチェバの定理を発表した。また，紀元 100 年ころ，アレクサンドリアのメネラウスがある論文の中で述べた性質が，メネラウスの定理と呼ばれるようになった。次のように，メネラウスの定理からチェバの定理が証明できる。

右の図の △ABC で，メネラウスの定理から

（△ABP と直線 COR で） $\frac{BC}{CP} \cdot \frac{PO}{OA} \cdot \frac{AR}{RB} = 1$ ……①

（△APC と直線 BOQ で） $\frac{PB}{BC} \cdot \frac{CQ}{QA} \cdot \frac{AO}{OP} = 1$ ……②

①，②の辺々を掛けると $\frac{BP}{PC} \cdot \frac{CQ}{QA} \cdot \frac{AR}{RB} = 1$ （チェバの定理）

例題4　チェバの定理・メネラウスの定理

△ABC の辺 BC の延長上に点 P をとる。点 P を通る直線が辺 AB，AC とそれぞれ点 D，E で交わるとき，線分 BE と CD の交点を O とする。直線 AO と辺 BC の交点を Q とするとき，Q は辺 BC を BP：PC の比に内分することを証明せよ。

解説　△ABC と直線 DEP でメネラウスの定理を利用し，△ABC と点 O でチェバの定理を利用する。

証明　△ABC と直線 DEP で，メネラウスの定理から

$$\frac{BP}{PC} \cdot \frac{CE}{EA} \cdot \frac{AD}{DB} = 1 \quad \cdots\cdots ①$$

△ABC と点 O で，チェバの定理から

$$\frac{BQ}{QC} \cdot \frac{CE}{EA} \cdot \frac{AD}{DB} = 1 \quad \cdots\cdots ②$$

①より　$\dfrac{BP}{PC} = \dfrac{DB \cdot EA}{AD \cdot CE}$　　②より　$\dfrac{BQ}{QC} = \dfrac{DB \cdot EA}{AD \cdot CE}$

よって　$\dfrac{BP}{PC} = \dfrac{BQ}{QC}$　（BP：PC ＝ BQ：QC）

ゆえに，Q は辺 BC 上の点であるから，Q は辺 BC を BP：PC の比に内分する。

参考　△OBC と直線 DEP で，メネラウスの定理から

$$\frac{BP}{PC} \cdot \frac{CD}{DO} \cdot \frac{OE}{EB} = 1$$

△OBC と点 A で，チェバの定理から

$$\frac{BQ}{QC} \cdot \frac{CD}{DO} \cdot \frac{OE}{EB} = 1$$

これらの2式から BP：PC ＝ BQ：QC が得られる。

問12　右の図の △ABC で，辺 AB，AC 上にそれぞれ点 P，Q を PQ ∥ BC となるようにとる。線分 BQ と CP の交点を O とし，直線 AO と辺 BC の交点を M とするとき，M は辺 BC の中点であることを証明せよ。

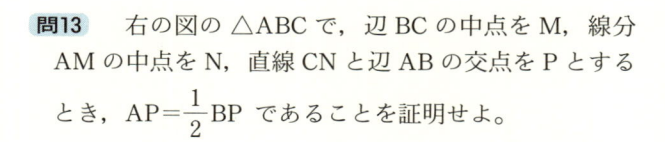

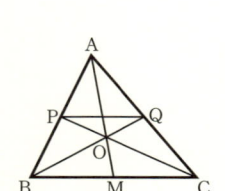

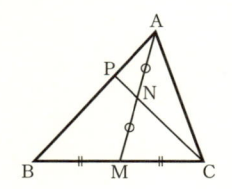

問13　右の図の △ABC で，辺 BC の中点を M，線分 AM の中点を N，直線 CN と辺 AB の交点を P とするとき，$AP = \dfrac{1}{2} BP$ であることを証明せよ。

4 三角形の五心

重心

三角形の頂点と対辺の中点を結んだ線分を**中線**という。

---●三角形の重心---

三角形の3本の中線は1点で交わる。
その点を三角形の**重心**という。
重心は中線を 2:1 に内分する。
(右の図で，AG:GD＝BG:GE
　　　　　　　＝CG:GF＝2:1)

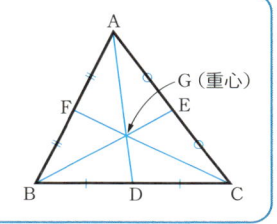

[証明]　△ABC において，中線 BE と CF の交点を G とする。
E，F はそれぞれ辺 AC，AB の中点であるから，
中点連結定理より
　　　FE // BC，BC＝2FE
よって　BG:GE＝CG:GF＝2:1　……①
また，中線 BE と AD の交点を G′ とすると
同様に　ED // AB，AB＝2ED
よって　BG′:G′E＝AG′:G′D＝2:1　……②
①，②より，点 G と G′ はともに中線 BE を 2:1 に内分するから一致する。
ゆえに，3本の中線は1点 G で交わり，G はそれぞれの中線を 2:1 に内分する。

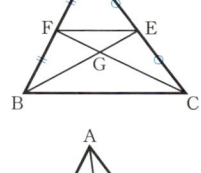

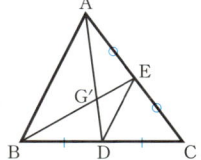

右の図の △ABC において，G を △ABC の重心とする。
　BD＝DC より，△GBD＝△GCD，△GAB＝△GAC
　CE＝EA より，△GCE＝△GAE，△GBC＝△GBA
　AF＝FB より，△GAF＝△GBF，△GCA＝△GCB
このことから，△GAF＝△GBF＝△GBD＝△GCD＝△GCE＝△GAE
すなわち，△ABC は3本の中線で，面積の等しい6つの三角形に分割される。

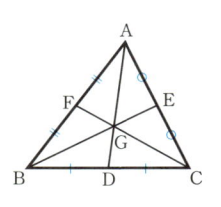

問14　右の図の △ABC で，G は △ABC の重心で，PQ // BC である。BD＝5，DG＝3 のとき，AG，GQ の長さをそれぞれ求めよ。

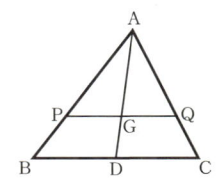

外心

線分 AB の垂直二等分線上の点は，両端の点 A，B から等距離にある。また，両端の点 A，B から等距離にある点は，線分 AB の垂直二等分線上にある。

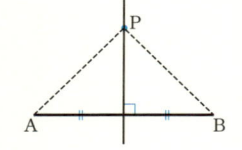

> **三角形の外心**
>
> 三角形の 3 つの辺の垂直二等分線は 1 点で交わる。その点を三角形の**外心**という。
> 外心は三角形の 3 頂点から等距離にあるから，三角形の**外接円**（3 頂点を通る円）の中心となる。

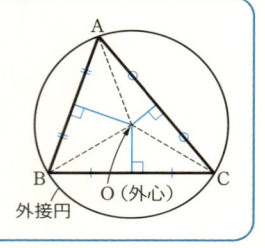

証明　△ABC の辺 AB，BC の垂直二等分線の交点を O とすると，OA=OB，OB=OC より，OC=OA
　　　ゆえに，点 O は辺 CA の垂直二等分線上にあるから，△ABC の 3 つの辺の垂直二等分線は 1 点 O で交わる。
　　　また，OA=OB=OC であるから，点 O は △ABC の 3 頂点から等距離にある。
　　　（このことから，O は △ABC の外接円の中心である。）

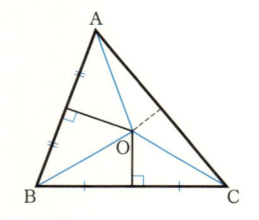

右の図で，O を △ABC の外心とすると，
　　△OBD≡△OCD，　△OCE≡△OAE，
　　△OAF≡△OBF
すなわち，△ABC は 3 つの辺の垂直二等分線で，合同な 3 組の直角三角形に分割される。

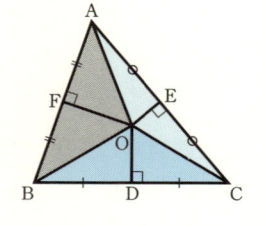

鋭角三角形，直角三角形，鈍角三角形の外心 O は，次のような位置にある。

・鋭角三角形　　　　　・直角三角形　　　　　・鈍角三角形
　△ABC　　　　　　　斜辺の　　　　　　　　△ABC
　の内部　　　　　　　中点　　　　　　　　　の外部

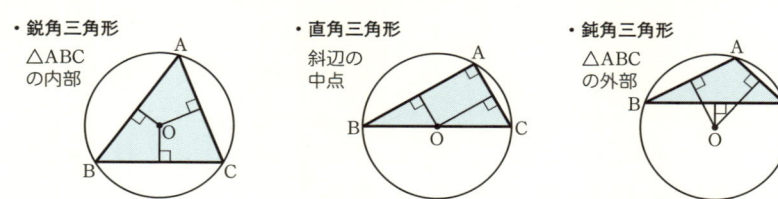

問15　△ABC で，AB=2，BC=$2\sqrt{3}$，CA=4 のとき，外接円の半径の長さを求めよ。

1章—三角形の性質

垂心

●三角形の垂心
三角形の 3 つの頂点からそれぞれの対辺，または
その延長にひいた垂線は 1 点で交わる。
その点を三角形の**垂心**という。

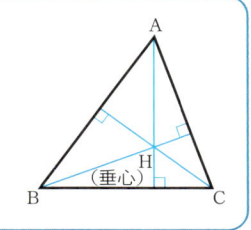

証明 △ABC の頂点 A，B，C から直線 BC，CA，AB にそれぞれ垂線 AD，BE，CF をひく。頂点 A，B，C を通り，それぞれの対辺に平行な直線をひき，それらの交点を，右の図のように A′，B′，C′ とする。
BC ∥ AB′，AB ∥ B′C より，四角形 ABCB′ は 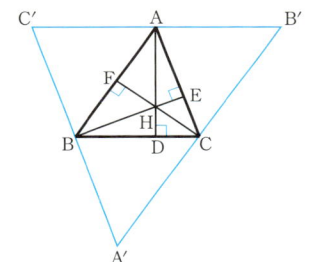
平行四辺形であるから BC＝AB′
同様に，四角形 C′BCA は平行四辺形であるから BC＝C′A
よって AB′＝C′A
また，AD⊥BC，BC ∥ C′B′ より AD⊥B′C′
ゆえに，AD は線分 B′C′ の垂直二等分線である。
同様に，BE，CF はそれぞれ線分 C′A′，A′B′ の垂直二等分線である。
よって，垂線 AD，BE，CF は △A′B′C′ の 3 つの辺の垂直二等分線となるから，それらは 1 点 H で交わる。（すなわち，H は △A′B′C′ の外心である。）
ゆえに，△ABC の 3 つの頂点からそれぞれの対辺，またはその延長にひいた垂線は 1 点 H で交わる。

参考 チェバの定理の逆を使って，次のように証明できる。

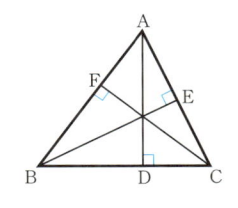

△ABD∽△CBF より $\dfrac{\triangle\text{ABD}}{\triangle\text{CBF}}=\dfrac{\text{AD}^2}{\text{CF}^2}$

△BCE∽△ACD より $\dfrac{\triangle\text{BCE}}{\triangle\text{ACD}}=\dfrac{\text{BE}^2}{\text{AD}^2}$

△CAF∽△BAE より $\dfrac{\triangle\text{CAF}}{\triangle\text{BAE}}=\dfrac{\text{CF}^2}{\text{BE}^2}$

また，$\dfrac{\text{BD}}{\text{DC}}\cdot\dfrac{\text{CE}}{\text{EA}}\cdot\dfrac{\text{AF}}{\text{FB}}=\dfrac{\triangle\text{ABD}}{\triangle\text{ACD}}\cdot\dfrac{\triangle\text{BCE}}{\triangle\text{BAE}}\cdot\dfrac{\triangle\text{CAF}}{\triangle\text{CBF}}=\dfrac{\triangle\text{ABD}}{\triangle\text{CBF}}\cdot\dfrac{\triangle\text{BCE}}{\triangle\text{ACD}}\cdot\dfrac{\triangle\text{CAF}}{\triangle\text{BAE}}$

$=\dfrac{\text{AD}^2}{\text{CF}^2}\cdot\dfrac{\text{BE}^2}{\text{AD}^2}\cdot\dfrac{\text{CF}^2}{\text{BE}^2}=1$ よって $\dfrac{\text{BD}}{\text{DC}}\cdot\dfrac{\text{CE}}{\text{EA}}\cdot\dfrac{\text{AF}}{\text{FB}}=1$

ゆえに，チェバの定理の逆より，3 つの垂線 AD，BE，CF は 1 点で交わる。

右の図で，H を △ABC の垂心とすると，
　　△HBD∽△HAE，△HCD∽△HAF，
　　△HCE∽△HBF
すなわち，△ABC は 3 つの垂線で，相似な 3 組の直角三角形に分割される。

　また，△HBD∽△HAE より　BH：DH＝AH：EH
　　　　△HCD∽△HAF より　CH：DH＝AH：FH
よって　AH・DH＝BH・EH＝CH・FH　が成り立つ。

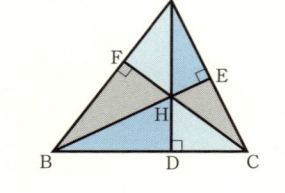

鋭角三角形，直角三角形，鈍角三角形の垂心 H は，次のような位置にある。

・鋭角三角形
△ABC の内部

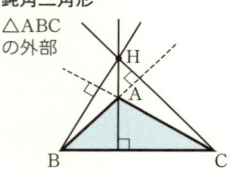

・直角三角形
頂点 A

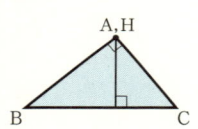

・鈍角三角形
△ABC の外部

問16　右の図の △ABC で，H は △ABC の垂心である。
∠HAC＝48°，∠HCA＝32° のとき，次の問いに答えよ。
(1)　△HCA の垂心の位置はどこか。
(2)　∠B の大きさを求めよ。

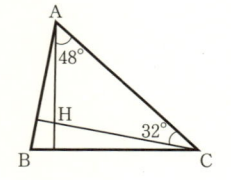

コラム　**三角形の垂心と円**

次のいずれかが成り立つとき，四角形が円に内接することを第 2 章で学ぶ。(p.43 問 10 参照)

(1)　1 辺について，同じ側にある 2 つの頂点からその辺を見こむ角が等しい。
(2)　1 組の対角の和が 2 直角

　この性質を使うと，右の図の △ABC で垂心を H とすると，次の四角形はすべて円に内接する。

四角形 AFHE，四角形 BDHF，四角形 CEHD，
四角形 ABDE，四角形 BCEF，四角形 CAFD

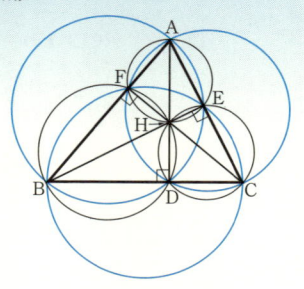

内心

> **●三角形の内心**
> 三角形の 3 つの内角の二等分線は 1 点で交わる。
> その点を三角形の **内心** という。
> 内心は三角形の 3 辺から等距離にあるから，三角形の **内接円**（3 辺に接する円）の中心となる。

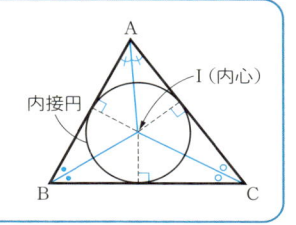

証明 △ABC の ∠A，∠B の二等分線の交点を I とし，I から辺 BC，CA，AB にそれぞれ垂線 ID，IE，IF をひく。

I は ∠A の二等分線上の点であるから
　　　　IE＝IF
また，I は ∠B の二等分線上の点であるから
　　　　IF＝ID
よって　ID＝IE
ゆえに，点 I は ∠C の二等分線上にあるから，
△ABC の 3 つの内角の二等分線は 1 点 I で交わる。
また，ID＝IE＝IF であるから，点 I は △ABC の 3 辺から等距離にある。
（このことから，I は △ABC の内接円の中心である。）

参考 上の証明から，次のことが成り立つ。
　　　　△IAE≡△IAF，　△IBD≡△IBF，　△ICD≡△ICE
よって，△ABC は 3 つの内角の二等分線で，合同な 3 組の直角三角形に分割される。
また，△ABC の内接円の半径は ID（＝IE＝IF）である。

問17 AB＝6，BC＝7，CA＝4 である △ABC の内心を I とし，直線 AI と辺 BC の交点を D とする。このとき，AI：ID を求めよ。

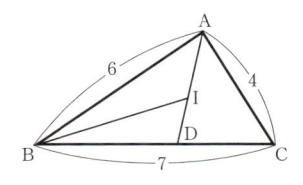

問18 AB＝6，BC＝7，CA＝5 である △ABC の内接円と，辺 BC，CA，AB との接点をそれぞれ P，Q，R とする。このとき，BP，CQ，AR の長さを求めよ。

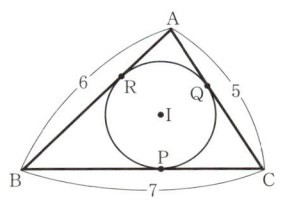

傍心

●三角形の傍心

三角形の1つの内角と他の2つの角の外角の二等分線は1点で交わる。
その点を三角形の**傍心**という。
傍心は三角形の3辺，またはその延長から等距離にあるから，三角形の**傍接円**（1辺と他の2辺の延長に接する円）の中心となる。

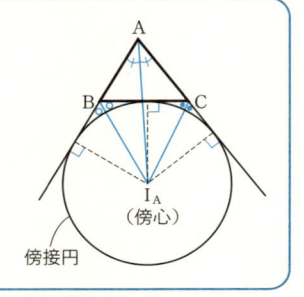

I_A（傍心）
傍接円

[証明] △ABC の ∠B，∠C の外角の二等分線の交点を I_A とし，I_A から直線 BC，CA，AB にそれぞれ垂線 I_AD，I_AE，I_AF をひく。

内心の証明と同様に $I_AD = I_AE = I_AF$

ゆえに，点 I_A は ∠A の内角の二等分線上にあるから，∠A の内角と ∠B，∠C の外角の二等分線は1点 I_A で交わる。

また，点 I_A は △ABC の3辺，またはその延長から等距離にある。
（このことから，I_A は △ABC の傍接円の中心の1つである。）

[参考] 上の証明から，次のことが成り立つ。
$$\triangle I_AAE \equiv \triangle I_AAF, \quad \triangle I_ABD \equiv \triangle I_ABF, \quad \triangle I_ACD \equiv \triangle I_ACE$$

△ABC の傍心は，∠A 内にある I_A の他に，∠B 内，∠C 内にもあり，それらをそれぞれ I_B，I_C とする。△ABC の内心を I とすると，A，I，I_A は同じ直線上にあり $AI \perp I_BI_C$
同様に $BI \perp I_CI_A$，$CI \perp I_AI_B$
ゆえに，点 I は △$I_AI_BI_C$ の垂心である。

三角形の重心，外心，垂心，内心，傍心を**三角形の五心**という。

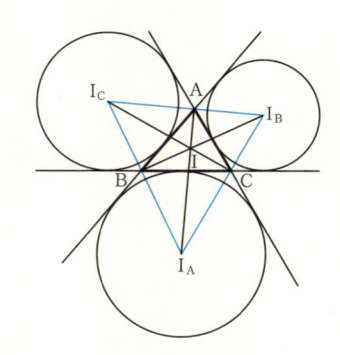

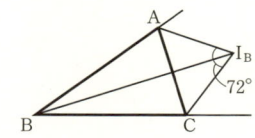

問19 右の図の △ABC で，I_B を ∠B 内にある傍心とする。∠$AI_BC = 72°$ のとき，∠ABI_B の大きさを求めよ。

例題5　三角形の五心と内角

△ABC を鋭角三角形とする。△ABC の外心を O，垂心を H とするとき，∠BOC，∠BHC をそれぞれ ∠A を使って表せ。

解説　外心は3つの辺の垂直二等分線の交点，垂心は3本の垂線の交点である。

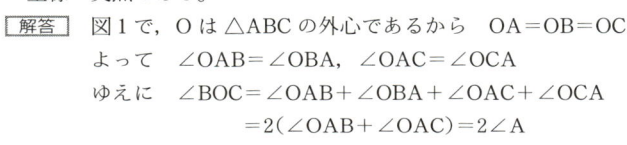

解答　図1で，O は △ABC の外心であるから　OA＝OB＝OC
よって　∠OAB＝∠OBA，∠OAC＝∠OCA
ゆえに　∠BOC＝∠OAB＋∠OBA＋∠OAC＋∠OCA
　　　　　　　＝2(∠OAB＋∠OAC)＝2∠A

図2で，H は △ABC の垂心であるから
　　　　∠HAB＝∠HCB，∠HAC＝∠HBC
△HBC で　∠BHC＝180°－(∠HBC＋∠HCB)
　　　　　　　　＝180°－(∠HAC＋∠HAB)
　　　　　　　　＝180°－∠A

参考　図2の四角形 AFHE で，∠FHE＝360°－90°－90°－∠A＝180°－∠A，∠BHC＝∠FHE（対頂角）から求めてもよい。

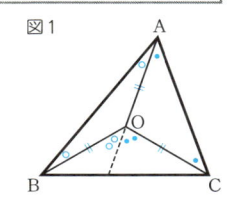

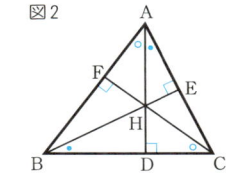

問20　△ABC の内心を I，∠A の内部の傍心を I_A とするとき，∠BIC，∠BI_AC をそれぞれ ∠A を使って表せ。

例題6　正三角形と五心

△ABC で，内心と重心が一致するならば，△ABC は正三角形であることを証明せよ。

解説　内心は3つの角の二等分線の交点，重心は3本の中線の交点である。

証明　△ABC の内心であり，かつ重心である点を P とし，線分 AP の延長と辺 BC との交点を M とする。
P は △ABC の内心であるから，AM は ∠A の二等分線である。
よって　　　AB：AC＝BM：MC　……①
P は △ABC の重心であるから，M は辺 BC の中点である。
よって　　　BM＝MC　……②
①，②より　AB＝AC　　同様に　BA＝BC
ゆえに，AB＝BC＝CA より，△ABC は正三角形である。

参考　正三角形の内心，外心，垂心，重心は一致する。

問21　△ABC で，重心と垂心が一致するならば，△ABC は正三角形であることを証明せよ。

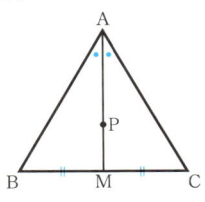

問22 正三角形の内接円，外接円，傍接円の半径をそれぞれ r, R, R' とするとき，$r:R:R'$ を求めよ。

> **例題7 三角形の五心の性質**
> $\triangle ABC$ の内心 I を通り，辺 BC に平行な直線と辺 AB, AC との交点をそれぞれ D, E とすると，$\triangle ADE$ の周の長さは $AB+AC$ に等しいことを示せ。

[解説] I は $\triangle ABC$ の内心であるから，$\angle IBA = \angle IBC$ である。

[証明] I は $\triangle ABC$ の内心であるから $\angle IBA = \angle IBC$
また，$DE \parallel BC$ より $\angle DIB = \angle IBC$ （錯角）
よって $\angle DBI = \angle DIB$
ゆえに $DB = DI$
同様に $CE = IE$
$AD + DE + EA = AD + (DI + IE) + EA$
$= (AD + DB) + (CE + EA) = AB + CA$
ゆえに，$\triangle ADE$ の周の長さは $AB + AC$ に等しい。

問23 $\triangle ABC$ の外心を O，重心を G とする。3点 A, O, G が一直線上にあるとき，$\triangle ABC$ はどのような三角形か。

問24 $\triangle ABC$ で，辺 BC, CA の中点をそれぞれ D, E とする。$AD = BE$ であるとき，$\triangle ABC$ は二等辺三角形であることを証明せよ。

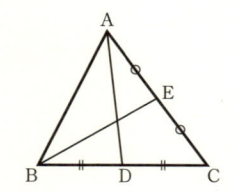

問25 $\triangle ABC$ の内心を I，$\angle B$ 内の傍心を I_B とするとき，$BA \cdot BC = BI \cdot BI_B$ であることを証明せよ。

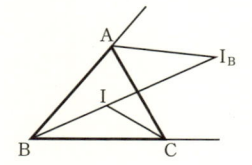

問26 右の図の $\triangle ABC$ で，その重心 G を通る直線と辺 AB, CA との交点をそれぞれ D, E とするとき，$\dfrac{BD}{DA} + \dfrac{CE}{EA} = 1$ であることを証明せよ。
ただし，線分 DE と辺 BC は平行でないとする。

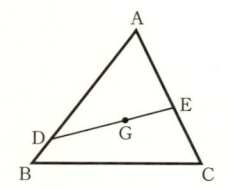

研究　三角形のおもしろい定理

　この章で学習した三角形の性質を利用した定理で，有名でおもしろいものを紹介する。証明を読む前に，まず自分で解いてみよう。

●デザルグの定理

△ABC，△A′B′C′ において，直線 AA′，BB′，CC′ が一点 O で交わるとき，BC と B′C′ の交点を P，CA と C′A′ の交点を Q，AB と A′B′ の交点を R とすると，3 点 P，Q，R は一直線上にある。
このことを，**デザルグの定理**という。

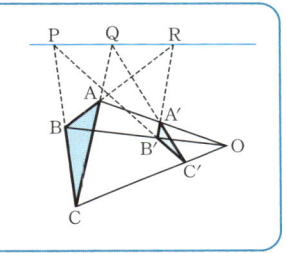

証明　△OAB と直線 A′B′ について，メネラウスの定理より

$$\frac{AR}{RB} \cdot \frac{BB'}{B'O} \cdot \frac{OA'}{A'A} = 1 \quad \cdots\cdots ①$$

△OBC と直線 B′C′ について，△OCA と直線 C′A′ についても同様に

$$\frac{BP}{PC} \cdot \frac{CC'}{C'O} \cdot \frac{OB'}{B'B} = 1 \quad \cdots\cdots ② \qquad \frac{CQ}{QA} \cdot \frac{AA'}{A'O} \cdot \frac{OC'}{C'C} = 1 \quad \cdots\cdots ③$$

①，②，③ の辺々を掛けると　$\dfrac{AR}{RB} \cdot \dfrac{BP}{PC} \cdot \dfrac{CQ}{QA} = 1$

ゆえに，△ABC について，メネラウスの定理の逆より，3 点 P，Q，R は一直線上にある。

参考　デザルグの定理は，その逆も成り立つ。

　デザルグの定理における △ABC と △A′B′C′ を，配景の位置（perspective position）にあるということがある。このとき，O を配景の中心，直線 PQR を配景の軸という。（perspective とは「透視法の」「遠近法の」という意味を表す）

　△ABC とその内部の点 O について，直線 AO と辺 BC，直線 BO と辺 CA，直線 CO と辺 AB との交点をそれぞれ A′，B′，C′ とする。（チェバの定理で用いるような形になる。）このとき，右の図のように，デザルグの定理より，3 点 P，Q，R は一直線上にあることがわかる。（この直線 PQR を △ABC に関する点 O の極線ということがある。）

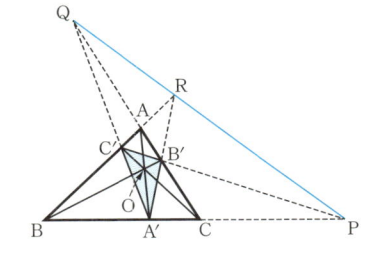

●オイラー線

△ABC の外心を O,重心を G,垂心を H とすると,3 点 O,G,H は一直線上にあり,
OG:GH=1:2 が成り立つ。
この直線を,**オイラー線**という。

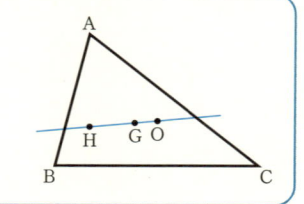

証明 △ABC が鋭角三角形の場合で証明する。

右の図で,△ABC の外心を O,垂心を H とし,線分 BH,BC,AB の中点をそれぞれ L,M,N とする。

△BHA で,BN=NA,BL=LH より
NL//AH ……① AH=2NL ……②
AH⊥BC,OM⊥BC より AH//OM ……③
①,③より NL//OM ……④
△BCH で,BM=MC,BL=LH より LM//HC ……⑤
CH⊥AB,ON⊥AB より CH//ON ……⑥
⑤,⑥より NO//LM ……⑦
④,⑦より,四角形 NLMO は平行四辺形であるから NL=OM ……⑧
②,⑧より AH=2OM

ここで,線分 AM と OH の交点を G とすると,③より △GAH∽△GMO
AH=2OM より AG:GM=2:1 であるから,G は中線 AM を 2:1 に内分するので,△ABC の重心である。また,OG:GH=OM:HA=1:2 となる。

ゆえに,3 点 O,G,H は一直線上にあり,OG:GH=1:2 が成り立つ。

参考 △ABC が特別な三角形の場合は,オイラー線が次のようになる。

△ABC が正三角形の場合は,3 点 O,G,H は一致する。

△ABC が ∠A=90° の直角三角形の場合は,辺 BC の中点を M とすると,外心は M,垂心は A であるから,オイラー線は直線 AM である。

△ABC が AB=AC の二等辺三角形の場合も,辺 BC の中点を M とすると,直線 AM は辺 BC の垂直二等分線であるから,オイラー線は直線 AM である。このとき,△ABC の内心を I,∠A 内の傍心を I_A とすると,I,I_A もともに直線 AM 上にある。すなわち,AB=AC の二等辺三角形の O,G,H,I,I_A は一直線上にある。

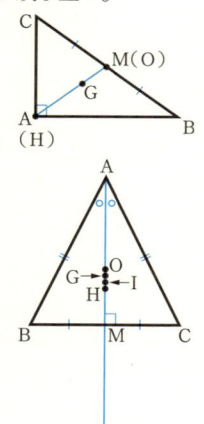

●ジュルゴンヌ点

△ABC の内接円と辺 BC, CA, AB との接点をそれぞれ D, E, F とすると, 3直線 AD, BE, CF は1点で交わる。
この点を, 三角形の**ジュルゴンヌ点**という。

[証明] 円外の点からひいた接線の長さは等しいから
$$AE=AF, \quad BF=BD, \quad CD=CE$$
よって $\dfrac{AF}{FB}\cdot\dfrac{BD}{DC}\cdot\dfrac{CE}{EA}=\dfrac{AF}{BD}\cdot\dfrac{BD}{CE}\cdot\dfrac{CE}{AF}=1$

ゆえに, チェバの定理の逆から,
3直線 AD, BE, CF は1点で交わる。

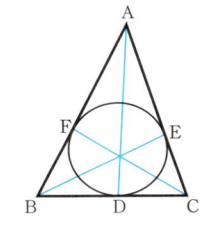

●ナーゲル点

△ABC の ∠A 内, ∠B 内, ∠C 内の傍接円をそれぞれ円 I_A, 円 I_B, 円 I_C とする。△ABC の辺 BC と円 I_A, 辺 CA と円 I_B, 辺 AB と円 I_C との接点をそれぞれ D, E, F とすると, 3直線 AD, BE, CF は1点で交わる。
この点を, 三角形の**ナーゲル点**という。

[証明] 直線 AB, BC と傍接円 I_B との接点を
それぞれ J, K とする。
また, $2s=AB+BC+CA$ とおく。
円外の点から円にひいた接線の長さは
等しいから
$$BJ=BK, \quad AE=AJ, \quad CE=CK$$
$BJ+BK=(BA+AJ)+(BC+CK)$
$\qquad\quad =AB+BC+(CE+EA)$
$\qquad\quad =AB+BC+CA=2s$
よって $BJ=s, \quad BK=s$
ゆえに $AE=AJ=BJ-AB=s-AB$,
$\qquad CE=CK=BK-BC=s-BC$
同様に $AF=s-CA, \quad BF=s-BC, \quad BD=s-AB, \quad CD=s-CA$
よって $AE=BD, \quad BF=CE, \quad CD=AF$
$$\dfrac{AF}{FB}\cdot\dfrac{BD}{DC}\cdot\dfrac{CE}{EA}=\dfrac{AF}{CE}\cdot\dfrac{BD}{AF}\cdot\dfrac{CE}{BD}=1$$
ゆえに, チェバの定理の逆から, 3直線 AD, BE, CF は1点で交わる。

[参考]「△ABC の内心を I, 重心を G, ナーゲル点を N とすると, 3点 I, G, N は一直線上にあり, $IG:GN=1:2$ が成り立つ。」ことが知られている。

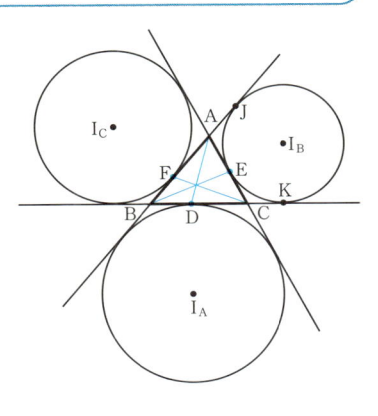

演習問題

1 次の □ に適する数値などを入れよ。
(1) △ABC の内心を I とし，直線 AI と辺 BC の交点を D とする。
AB=3，BC=6，CA=4 のとき AI:ID=□ であり，
△ABI:△ABC=□ である。
(2) △ABC の外心を O，垂心を H とする。
∠B=42°，∠C=22° のとき，∠OBC=□，∠HBC=□ である。
(3) AB=BC=6，∠B=90° である直角二等辺三角形 ABC の辺 AB 上に点 D を AD=2 となるようにとり，辺 BC，CA の中点をそれぞれ E，F とする。このとき，直線 AE と BF の交点を G とすると GF=□，直線 AE と DF の交点を H とすると GH=□ である。

2 右の図で，AA′ ∥ BB′ ∥ CC′ ならば，
$$\frac{1}{x}+\frac{1}{y}=\frac{1}{z}$$
であることを証明せよ。

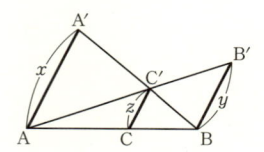

3 右の図で，△ABC の内部に点 D をとり，∠BDC，∠CDA，∠ADB の二等分線と辺 BC，CA，AB との交点をそれぞれ P，Q，R とするとき，
$$\frac{BP}{PC}\cdot\frac{CQ}{QA}\cdot\frac{AR}{RB}=1$$
であることを証明せよ。

4 △ABC の内部に点 P をとり，線分 PB，PC 上にそれぞれ点 Q，R をとる。このとき，四角形 BCRQ の周の長さは，△ABC の周の長さより小さいことを証明せよ。

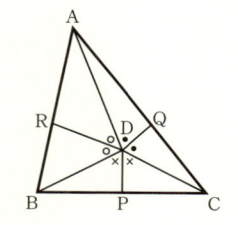

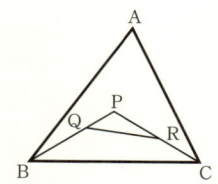

5 $a>0$ とする。3 辺の長さが 1，a，$2a$ となる三角形が存在するような a の値の範囲を求めよ。

6 △ABC で，辺 BC，CA，AB の中点をそれぞれ D，E，F とする。このとき，線分 AD，BE，CF が 1 点で交わることを，チェバの定理の逆を使って証明せよ。

7 △ABC の辺 AB, AC を $1:4$ に内分する点をそれぞれ R, Q とする。線分 BQ と CR の交点を O とし, 直線 AO と線分 RQ, BC との交点をそれぞれ S, P とするとき, 次の三角形の面積の比を求めよ。
(1) △ARS : △AQS　　　(2) △ARQ : △ABC
(3) △OBC : △ABC　　　(4) △ARQ : △OQR

8 右の図の △ABC で, 辺 BC を $1:a$ に内分する点を D とし, AB // ED, AC // FD とする。線分 BE と CF の交点を P, 線分 AP と FE の交点を Q とするとき, 点 Q は FE を $1:a$ に内分することを証明せよ。

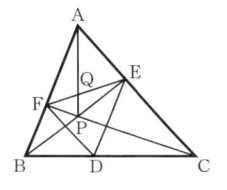

9 ** 右の図のように, △ABC の辺 AB の中点を M とする。辺 AC を $m:n$ に内分する点を P とし, 直線 MP と BC の交点を Q, 直線 BP と AQ の交点を R とする。ただし, $m>n>0$ とする。
このとき, $\dfrac{\triangle PBC}{\triangle PQR}$ の値を m, n を使って表せ。

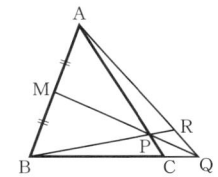

10 右の図のように, △ABC の頂点 A, B, C, および重心 G から, 直線 ℓ にそれぞれ垂線 AL, BM, CN, GP をひく。
このとき, $AL+BM+CN=3GP$ であることを証明せよ。

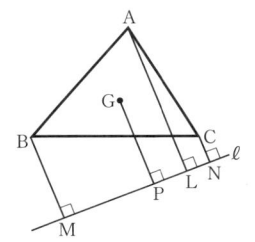

11 ** 右の図のように, △ABC の内部に点 P をとる。△PAB, △PBC, △PCA の面積をそれぞれ S_{AB}, S_{BC}, S_{CA} とするとき, 次の問いに答えよ。
(1) 点 P が △ABC の内心で $S_{AB}^2+S_{CA}^2=S_{BC}^2$ が成り立つとき, ∠BAC の大きさを求めよ。
(2) $S_{AB}=S_{BC}=S_{CA}$ が成り立つとき, 点 P は △ABC の重心であることを証明せよ。

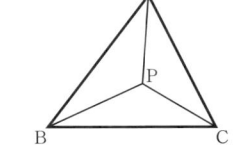

2章 円の性質

1 円周角の定理

円Oの円周上に2点A, Bがあるとき，中心OとA, Bを結んでできる∠AOBを$\overset{\frown}{AB}$に対する**中心角**といい，また，$\overset{\frown}{AB}$の反対側の円周上に点Pをとってできる∠APBを$\overset{\frown}{AB}$に対する**円周角**という。

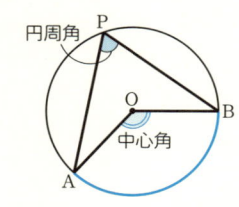

> ●円周角の定理
> 1つの弧に対する円周角の大きさは一定であり，その弧に対する中心角の大きさの半分である。上の図で，$\angle APB = \dfrac{1}{2}\angle AOB$

証明　中心Oが∠APBの内部にある場合を証明する。点Pを通る直径をPQとする。
△OPAで，OP＝OA（円の半径）より　∠OPA＝∠OAP
また　　∠AOQ＝∠OPA＋∠OAP
よって　∠AOQ＝2∠OPA
△OPBで，同様に　∠BOQ＝2∠OPB
　∠AOB＝∠AOQ＋∠BOQ
＝2∠OPA＋2∠OPB＝2(∠OPA＋∠OPB)＝2∠APB
ゆえに　$\angle APB = \dfrac{1}{2}\angle AOB$

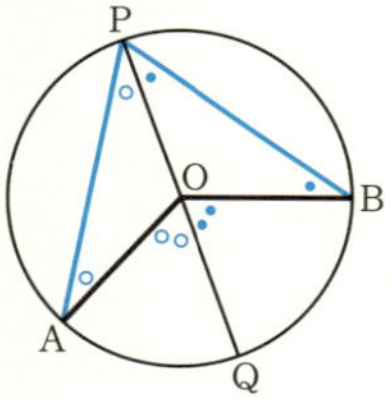

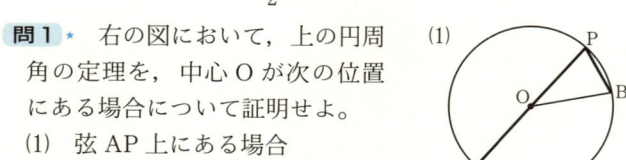

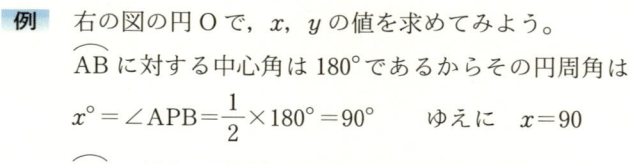

問1 ★　右の図において，上の円周角の定理を，中心Oが次の位置にある場合について証明せよ。
(1) 弦AP上にある場合
(2) ∠APBの外部にある場合

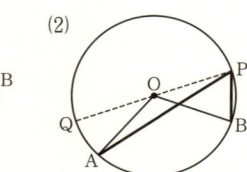

例　右の図の円Oで，x, yの値を求めてみよう。
$\overset{\frown}{AB}$に対する中心角は180°であるからその円周角は
$x° = \angle APB = \dfrac{1}{2} \times 180° = 90°$ 　　ゆえに　$x = 90$

$\overset{\frown}{CD}$に対する円周角は40°であるからその中心角は
$y° = \angle COD = 2 \times 40° = 80°$ 　　ゆえに　$y = 80$

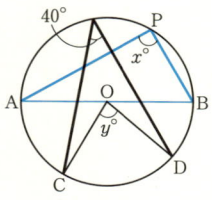

ABは直径

前ページの例から，次のことが成り立つ。

半円周に対する円周角は直角（90°）である。

問2 次の図で，x の値を求めよ。ただし，O は円の中心である。

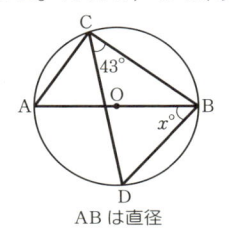

(1) （図：円Oで∠AOP=80°，∠x°＝∠ABPに相当）

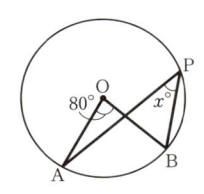

(2) （図：AB は直径，∠ACO の近くに 43°，x° は点Dの付近）AB は直径

(3) （図：AB は直径，48°，70°，x°）AB は直径

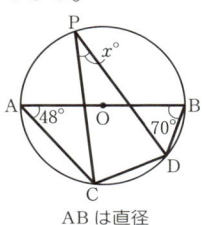

1つの円または半径の等しい2つの円で，次の性質が成り立つ。

(1) 等しい円周角に対する弧は等しい。
(2) 等しい弧に対する円周角は等しい。

右の図のように，円 O の $\overset{\frown}{AB}$ に対する円周角 ∠APB を α とする。

円 O の外部に点 Q をとると
　　∠AP'B＝∠AQB＋∠QAP' より ∠AP'B＞∠AQB
　　∠AP'B＝α より ∠AQB＜α

円 O の内部に点 R をとると
　　∠ARB＝∠AP''B＋∠RAP'' より ∠ARB＞∠AP''B
　　∠AP''B＝α より ∠ARB＞α

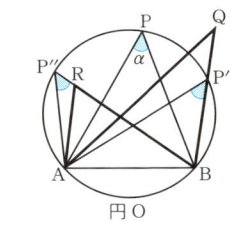

このことから，円と点の位置関係について，次のことが成り立つ。

円 O の $\overset{\frown}{AB}$ に対する円周角 ∠ACB を α とする。
直線 AB について点 C と同じ側に点 P をとると
① P が円 O の内部にある ⟺ ∠APB＞α
② P が円 O の周上にある ⟺ ∠APB＝α
③ P が円 O の外部にある ⟺ ∠APB＜α

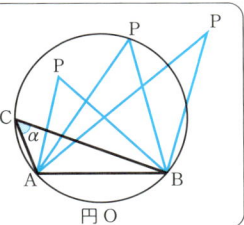

問3 円 O の $\overset{\frown}{AB}$ に対する円周角 ∠ACB を 80° とする。直線 AB について，点 C と同じ側に点 P を次のようにとると，点 P はそれぞれ円 O の内部，周上，外部のどこにあるか。

(1) △ABP で，PA＝PB，∠PAB＝45° のとき
(2) △ABP で，PB＝2AB，∠PAB＝90° のとき

右の図のように，1点Pから線分ABの両端に向かう2つの半直線PA，PBのつくる角∠APBを，点Pから線分ABを**見こむ角**という。
　円周角の定理は，その逆も成り立つ。

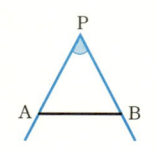

●**円周角の定理の逆**

線分ABについて，同じ側にある2つの点P，Qから線分ABを見こむ角が等しいとき，4点A，B，P，Qは同一円周上にある。

右の図で，∠APB＝∠AQB ならば，4点A，B，P，Qは同一円周上にある。

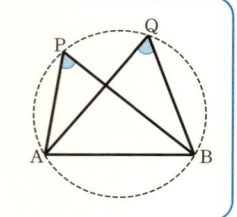

[証明] 3点A，B，Pを通る円Oをかくと，∠APB は $\stackrel{\frown}{AB}$ に対する円周角である。
　　　∠AQB＝∠APB であるから，点Qは円Oの周上にある。
　　　ゆえに，4点A，B，P，Qは同一円周上にある。

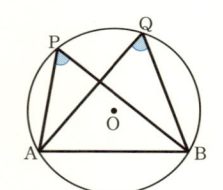

[例] 右の図で，∠APB＝∠AQB であるから，円周角の定理の逆により，4点A，B，P，Qは同一円周上にある。

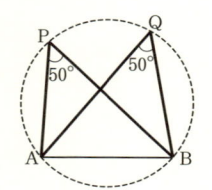

[問4] 次の図で，4点A，B，C，Dが同一円周上にあるものをすべて選べ。

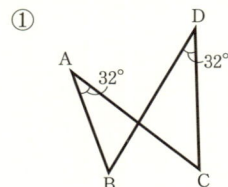

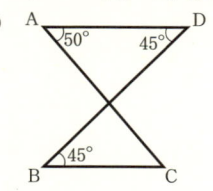

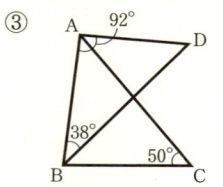

① A∠32°, D∠32°
② ∠A=50°, ∠D=45°, ∠B=45°
③ ∠A=92°, ∠(ABD)=38°, ∠(BCA)=50°

[問5] 右の図で，△ABCの内心をI，外心をOとする。∠A＝60°であるとき，4点B，C，I，Oは同一円周上にあることを証明せよ。

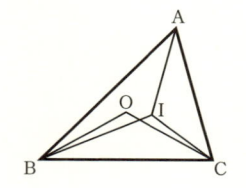

40　●●●2章—円の性質

2 円に内接する四角形

四角形の4つの頂点が1つの円周上にあるとき，その四角形は円に**内接する**といい，この円を四角形の**外接円**という。三角形は必ず円に内接するが，四角形は必ずしも円に内接するとは限らない。ここでは円に内接する四角形の性質を学ぶ。

> ●**円に内接する四角形**
> 四角形が円に内接するとき，
> 1 対角の和は 180° である。
>   右の図で，∠A+∠C=180°，∠B+∠D=180°
> 2 内角は，その対角の外角に等しい。
>   右の図で，∠A=∠DCE など

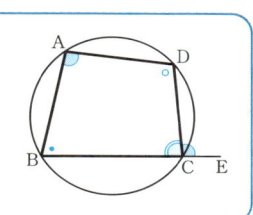

[証明] 四角形 ABCD は円 O に内接している。
1 $\overparen{BCD}$ に対する中心角を α とすると，$\overparen{BAD}$ に対する中心角は $360°-\alpha$ である。
円周角の定理より
$$\angle A + \angle C = \frac{1}{2}\alpha + \frac{1}{2}(360°-\alpha) = 180°$$
同様に ∠B+∠D=180°
ゆえに，対角の和は 180° である。

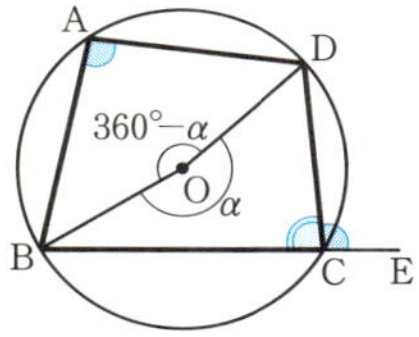

2 1より，∠A=180°−∠C であるから，∠A は ∠C の外角 ∠DCE に等しい。
ゆえに，内角は，その対角の外角に等しい。

例 右の図で，四角形 ABCD は円に内接している。x, y の値を求めてみよう。
対角の和は 180° であるから ∠A+∠C=180°
よって 94°+x°=180° ゆえに x=86
内角は，その対角の外角に等しいから
∠D=∠ABE ゆえに y=120

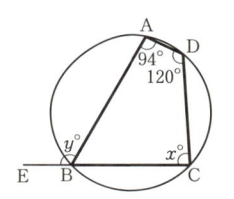

問6 次の図で，四角形 ABCD は円 O に内接している。x の値を求めよ。

(1) (2) 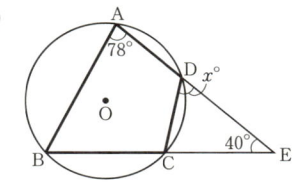 (3)

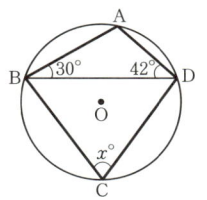

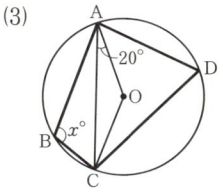

問7 右の図のように，円に内接する四角形 ABCD があり，辺 AB の延長と DC の延長との交点を E，辺 AD の延長と BC の延長との交点を F とする。∠AED$=p°$，∠AFB$=q°$ のとき，四角形 ABCD の 4 つの内角を p，q で表せ。

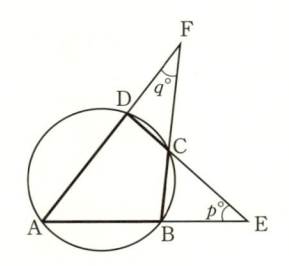

問8 次の図のように，2 つの円が 2 点 A，B で交わっている。2 点 A，B のそれぞれを通る直線が，2 つの円と点 K，L，M，N で交わるとき，KM∥LN であることを，(1)，(2) についてそれぞれ証明せよ。

(1) 　　　　　　　　　　　(2)

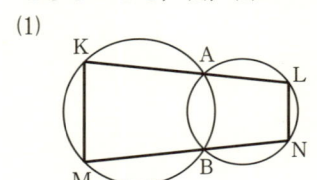

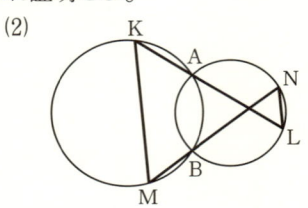

前ページの定理について，その逆も成り立つ。

── ●四角形が円に内接する条件 ──
次の①，②のいずれかが成り立つ四角形は円に内接する。
① 1 組の対角の和が 180°である。
　たとえば，右の図で　∠A＋∠C＝180°
② 1 つの内角が，その対角の外角に等しい。
　たとえば，右の図で　∠A＝∠DCE

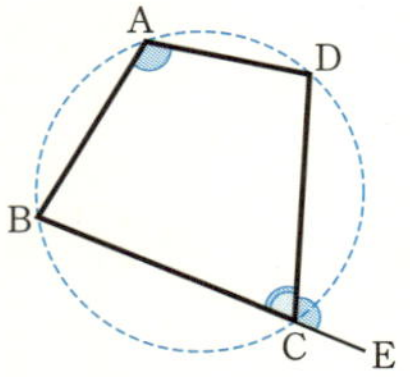

[証明] ① 四角形 ABCD において，∠A＋∠C＝180° とする。
　　△ABD の外接円をかき，その周上の $\overparen{BAD}$ 以外の部分に点 C と異なる点 C′ をとる。
　　四角形 ABC′D は円に内接するから
　　　　　∠A＋∠C′＝180°
　　ゆえに　∠C＝∠C′
　　よって，点 C は 3 点 A，C′，D を通る円，すなわち △ABD の外接円の周上にある。
　　ゆえに，四角形 ABCD は円に内接する。
　② ∠A＝∠DCE のとき，∠A＋∠C＝180° となり，①の場合と一致する。

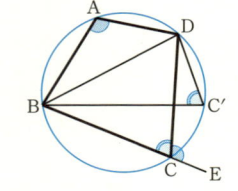

例 右の図の ∠A＝∠C＝90° の四角形 ABCD は，
∠A＋∠C＝180° より，BD を直径とする円に
内接する。

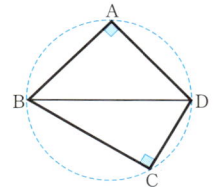

例 右下の図の等脚台形 ABCD（AD∥BC，AB＝CD）
が，円に内接することを証明する。
AD∥BC より ∠A＋∠B＝180°
AB＝CD より ∠B＝∠C
よって　　　∠A＋∠C＝180°
ゆえに，1 組の対角の和が 180° であるから，
等脚台形 ABCD は円に内接する。

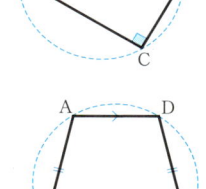

問9 次の図の四角形 ABCD で，円に内接するものをすべて選べ。

① ② 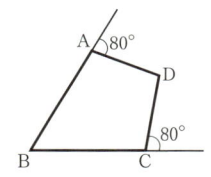 ③

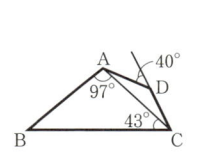

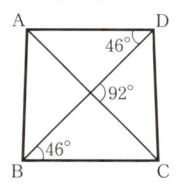

問10 右の図の △ABC で，H を △ABC の垂心とす
る。次のことを証明せよ。
(1) 四角形 HDCE は円に内接することを証明せよ。
(2) 四角形 ABDE は円に内接することを証明せよ。

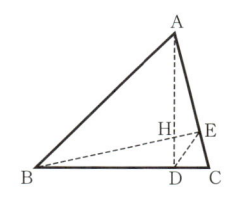

参考 この問いは p.28 のコラムの証明になる。

四角形 ABCD が円に内接するための条件は，次のようにまとめられる。

―●四角形が円に内接するための条件―
四角形 ABCD は，次のいずれか 1 つが成り立つとき，円に内接する。
(1) 円周角の定理の逆
　　∠BAC＝∠BDC
　　∠ABD＝∠ACD　など 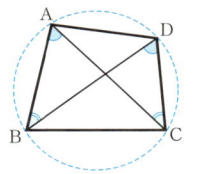
(2) 対角の和が 180°
　　∠A＋∠C＝180°
　　∠B＋∠D＝180° 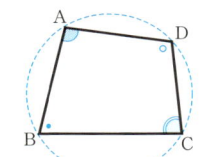
(3) 内角はその対角の
　　外角に等しい
　　∠A＝∠DCE　など

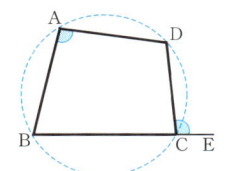

2―円に内接する四角形

例題1 四角形が円に内接する条件

右の図で，$\overparen{AM}=\overparen{MB}$ とする。弦 CM，DM と弦 AB の交点をそれぞれ E，F とするとき，4点 C，D，F，E は同一円周上にあることを証明せよ。

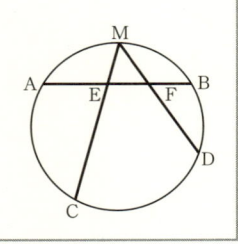

解説 四角形が円に内接するための条件は，その頂点である4点が同一円周上にあるための条件といいかえてよい。ここでは，四角形 CDFE が円に内接するための3つの条件のうち，どれが成り立つかを考える。

証明 点 A と C，点 C と D，点 D と B を結ぶ。$\overparen{AM}=\overparen{MB}$ より，円周角の定理から
$$\angle ACM = \angle MDB$$
四角形 ACDB は円に内接するから
$$\angle ACD + \angle DBA = 180°$$
△BFD で，∠F の外角から
$$\angle DFE = \angle MDB + \angle DBA$$
四角形 ECDF で
$$\angle ECD + \angle DFE = \angle ECD + (\angle MDB + \angle DBA)$$
$$= \angle ECD + \angle MDB + \angle DBA$$
$$= (\angle ECD + \angle ACM) + \angle DBA = \angle ACD + \angle DBA = 180°$$ 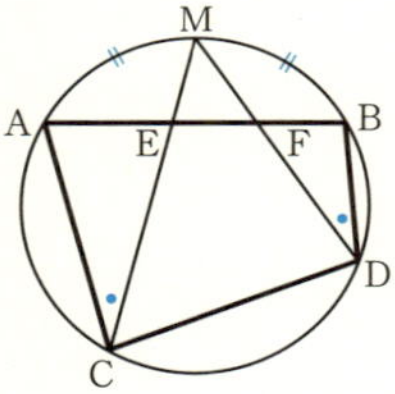
ゆえに，4点 C，D，F，E は同一円周上にある。

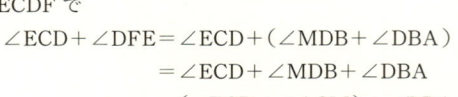

別解 点 A と D，点 A と M，点 C と D を結ぶ。
$\overparen{AC}$ に対する円周角より $\angle CMA = \angle CDA$ ……①
$\overparen{AM}=\overparen{MB}$ より $\angle ADM = \angle MAB$ ……②
△EMA で $\angle MEF = \angle CMA + \angle MAB$
また， $\angle CDF = \angle CDA + \angle ADM$
①，②より $\angle MEF = \angle CDF$ 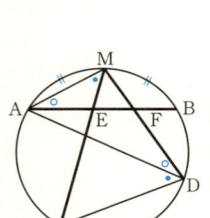
ゆえに，4点 C，D，F，E は同一円周上にある。

参考 点 B と C，点 B と M，点 C と D を結んでも，同様に証明できる。

問11 右の図で，四角形 ABCD は円に内接している。点 E，F は辺 AB 上にあり，ED∥BC，AD∥FC である。このとき，四角形 CDEF は円に内接することを証明せよ。

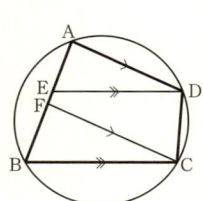

3 接線と弦のつくる角

円の接線とその接点を通る弦のつくる角について,次の定理が成り立つ。この定理を**接弦定理**ということがある。

> **●接弦定理**
> 円の接線とその接点を通る弦とのつくる角は,その角の内部にある弧に対する円周角に等しい。
> 右の図で,ST が A を接点とする円 O の接線であるならば,
> $\angle BAT = \angle BPA$

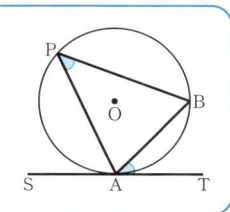

[証明] $\angle BAT$ が鋭角のとき,点 A を通る直径を AC とする。
$\angle CAT = 90°$ であるから
$\qquad \angle BAT = 90° - \angle CAB$
$\triangle ABC$ で,$\angle ABC = 90°$ であるから
$\qquad \angle BCA = 90° - \angle CAB$
また,$\overset{\frown}{AB}$ に対する円周角より $\angle BCA = \angle BPA$
ゆえに $\angle BAT = \angle BPA$
$\angle BAT$ が直角,鈍角の場合も,同様に $\angle BAT = \angle BPA$ が成り立つ。
(鈍角の場合は,点 C を弦 AB について点 P と反対側の円周上にとり,$\angle BAS = \angle BCA$ を利用する。)

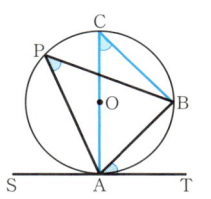

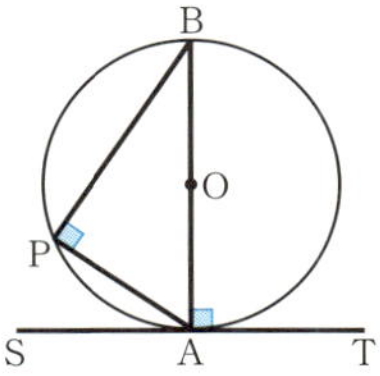

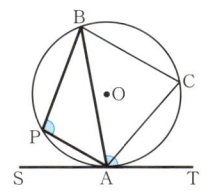

例 右の図で,直線 ST は点 A で円 O に接する。x の値を求めてみよう。

接弦定理より $\angle CAS = \angle ABC = x°$
$\triangle ACS$ で $\angle ACB = \angle CAS + \angle CSA$
よって $70° = x° + 42°$
ゆえに $x = 28$

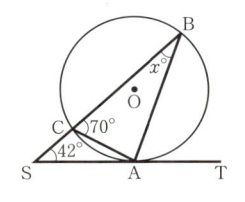

問12 次の図で,直線 ST は点 A で円 O に接するとき,x の値を求めよ。

(1) (2) 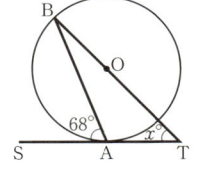 (3)

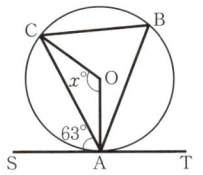

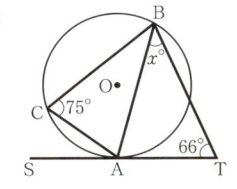

接弦定理は，その逆も成り立つ。

●接弦定理の逆

円周上の定点からひいた直線と弦のつくる角が，その角の内部にある弧に対する円周角と等しいとき，定点からひいた直線は，定点を接点とする円の接線である。

右の図で，∠BAT＝∠BPA ならば，ST は A を接点とする円 O の接線である。

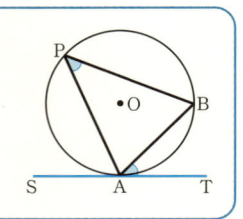

[証明] (i) ∠BAT が鋭角のとき，
　　　　点 A を通る直径を AC とする。
　　　∠ABC＝90° であるから
　　　　　　　∠BCA＋∠CAB＝90° ……①
　　　また，　∠BAT＝∠BPA（仮定）
　　　$\overparen{AB}$ に対する円周角より
　　　　　　　∠BCA＝∠BPA
　　　よって　∠BCA＝∠BAT　　……②
　　　①，②より　∠BAT＋∠CAB＝90°
　　　すなわち，∠CAT＝90° であるから　OA⊥ST
　　　ゆえに，直線 ST は点 A で円 O に接する。

(ii) ∠BAT が直角のとき，
　　　∠BPA＝∠BAT＝90° であるから，AB は直径である。
　　　AB⊥ST より，直線 ST は点 A で円 O に接する。

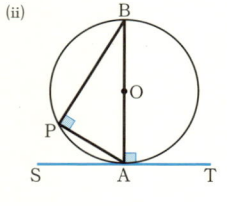

[例] 右の図で，PA は △ABC の外接円の接線であり，BC∥DE である。
このとき，PA は △ADE の外接円の接線であることを示す。

　BC∥DE のとき　　∠ADE＝∠ABC（同位角）
　接弦定理より　　　∠PAC＝∠ABC
　よって　　　　　　∠PAC＝∠ADE
　ゆえに，接弦定理の逆より，PA は △ADE の外接円の接線である。

問13 ★ 接弦定理の逆の ∠BAT が鈍角の場合を，右の図のように，点 C を弦 AB について点 P と反対側の円 O の周上にとり，証明せよ。（上の定理の証明の(i)の場合を利用してよい。）

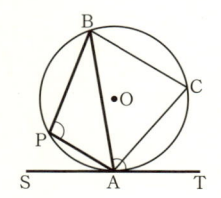

例題2　接弦定理の逆

右の図のように，半円 O の $\stackrel{\frown}{AB}$ 上に点 P をとる。中心 O を通り直径 AB に垂直な直線と，直線 AP，BP との交点をそれぞれ Q，R とする。このとき，PO は △PQR の外接円の接線であることを証明せよ。

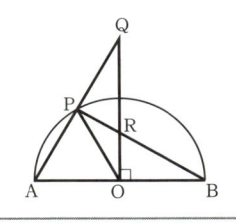

|解説| まず，4点 P, O, B, Q が同一円周上にあることを示す。
つぎに，∠OQP＝∠OPB を示し，接弦定理の逆を利用する。

|証明| AB は直径であるから，∠APB＝90° より ∠BPQ＝90°
よって，∠BPQ＝∠BOQ より 4点 P, O, B, Q は同一円周上にある。
ゆえに，円周角の定理より　　　∠OBP＝∠OQP ……①
また，△OBP で OB＝OP より ∠OBP＝∠OPB ……②
①，②より　∠OQP＝∠OPB
ゆえに，接弦定理の逆より，PO は △PQR の外接円の接線である。

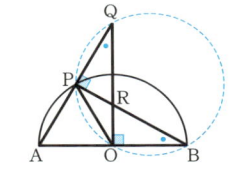

問14　右の図のように，AB＝AC の二等辺三角形 ABC が円 O に内接している。円 O の周上に点 D をとり，辺 CA の延長と線分 BD の延長との交点を E とし，E を通り辺 BC に平行な直線と，線分 DA の延長との交点を F とする。
(1) 4点 C, D, E, F は同一円周上にあることを証明せよ。
(2) CF は円 O の接線であることを証明せよ。

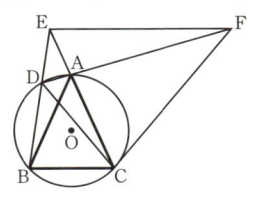

コラム　三角形の角の二等分線と外接円の弧

右の図で，△ABC の外接円について，次のことが成り立つ。

① AD は ∠A の二等分線　$\Longrightarrow$　$\stackrel{\frown}{BD}=\stackrel{\frown}{CD}$
② AE は ∠A の外角の二等分線　$\Longrightarrow$　$\stackrel{\frown}{BE}=\stackrel{\frown}{CE}$

①は，円周角の性質からすぐにわかる。
②は，四角形 EBCA は円に内接することから ∠EAF＝∠EBC
よって，∠EAB＝∠EBC から $\stackrel{\frown}{BE}=\stackrel{\frown}{CE}$ が得られる。
また，①，②ともに，その逆も成り立つ。（②の逆は問14(1)で示される）

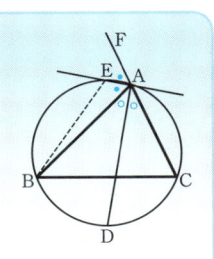

4 方べきの定理

点Pと円Oについて，Pを通る2直線と円Oが共通点をもつときに，次の**方べきの定理**が成り立つ。

●**方べきの定理**(1)

点Pを通る2直線が，円Oとそれぞれ2点A，Bと2点C，Dで交わるとき，**PA·PB=PC·PD**

証明　(i)　図1のように，点Pが円Oの内部にあるとき，
　　　　△PACと△PDBにおいて　∠CPA=∠BPD（対頂角）
　　　　$\overset{\frown}{AD}$の円周角より　∠ACP=∠DBP
　　　　よって　△PAC∽△PDB（2角）

　　(ii)　図2のように，点Pが円Oの外部にあるとき，
　　　　△PACと△PDBにおいて　∠CPA=∠BPD（共通）
　　　　四角形ACDBは円に内接するから　∠ACP=∠DBP
　　　　よって　△PAC∽△PDB（2角）

　(i), (ii)のどちらの場合も　PA：PD=PC：PBより
　　　　PA·PB=PC·PD

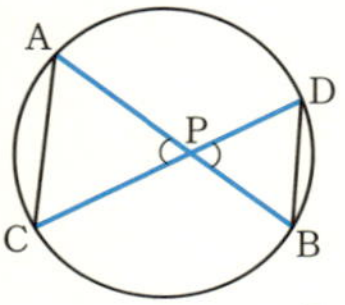

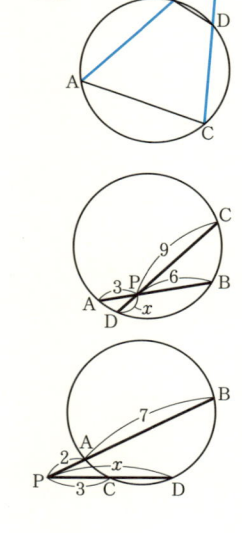

例　右の図で，x の値を求めてみよう。
　(1)　方べきの定理より
　　　　PA·PB=PC·PD
　　　よって　$3 \times 6 = 9x$
　　　ゆえに　$x=2$
　(2)　方べきの定理より
　　　　PA·PB=PC·PD
　　　よって　$2(2+7)=3x$
　　　ゆえに　$x=6$

問15　次の図で，x の値を求めよ。
(1)　　　　　　　　　　　(2)

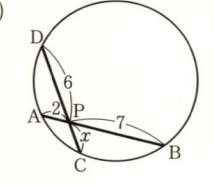

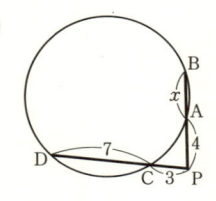

●方べきの定理(2)
点 P を通る 2 直線の一方が円 O と 2 点 A，B で交わり，もう一方が点 T で接するとき，**PA·PB=PT²**

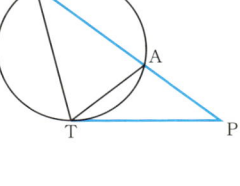

証明 △ATP と △TBP において
$\angle$TPA=$\angle$BPT（共通）
PT は円の接線であるから，接弦定理より
$\angle$ATP=$\angle$TBP
ゆえに △ATP∽△TBP（2角）
よって PT：PB=PA：PT
ゆえに PT²=PA·PB

例 右の図で，PT が円の接線であるとき，x の値を求めてみよう。 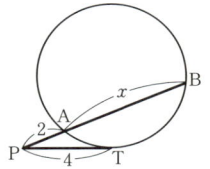
方べきの定理より
PA·PB=PT²
よって $2(2+x)=4^2$
ゆえに $x=6$

問16 次の図で，x の値を求めよ。ただし，PT は円の接線とする。

(1)　　　　　　　　　　(2)

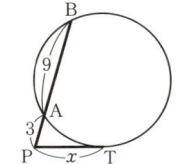

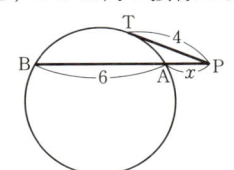

問17 右の図のように，円 O の直径を AB とし，中心 O を通る AB の垂線が弦 AP と交わる点を Q とする。
(1) 4 点 P，Q，O，B が同一円周上にあることを証明せよ。 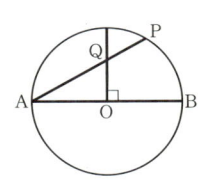
(2) AP·AQ=2AO² であることを証明せよ。

問18 右の図のように，円周上に 4 点 A，B，C，D をとり，線分 AC，BD の交点を E とする。$\stackrel{\frown}{AB}=\stackrel{\frown}{BC}=\stackrel{\frown}{CD}$ のとき，AB²=AC·CE であることを証明せよ。

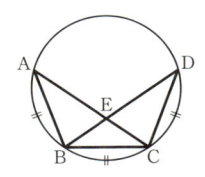

方べきの定理は，その逆も成り立つ。

●方べきの定理(1)の逆
2つの線分 AB, CD, またはその延長の交点を P とするとき，
　PA·PB＝PC·PD ならば，4点 A, B, C, D は同一円周上にある。

[証明] PA·PB＝PC·PD より
PA：PD＝PC：PB
また，図1, 2とも
∠APC＝∠DPB であるから
△PAC∽△PDB（2辺の比と夾角）
よって　∠CAP＝∠BDP
ゆえに，4点 A, B, C, D は同一円周上にある。

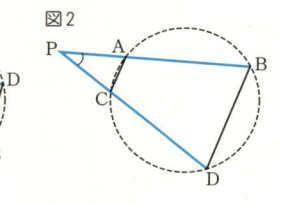

問19 右の図の △ABC で，AB＝$\frac{18}{5}$，AC＝3 とする。辺 AB, AC 上にそれぞれ点 D, E をとり，AD＝1，AE＝$\frac{6}{5}$ とする。このとき，四角形 DBCE は円に内接することを証明せよ。

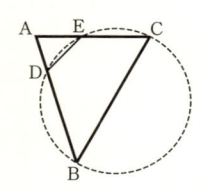

●方べきの定理(2)の逆
一直線上にない3点 A, B, T と線分 BA の延長上の点 P があるとき，
　PA·PB＝PT² ならば，PT は3点 A, B, T を通る円に接する。

[証明] PA·PB＝PT² より
PA：PT＝PT：PB
また，∠APT＝∠TPB であるから
△PAT∽△PTB（2辺の比と夾角）
よって　∠PTA＝∠PBT
ゆえに，接弦定理の逆より，PT は3点 A, B, T
を通る円に接する。

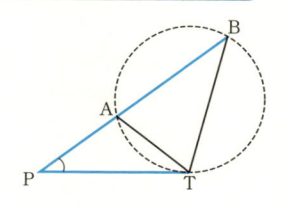

問20 右の図のように，△ABC と辺 AB の延長上の点 P について，AB＝2，BP＝1，PC＝$\sqrt{3}$ であるとき，PC は △ABC の外接円に接することを証明せよ。

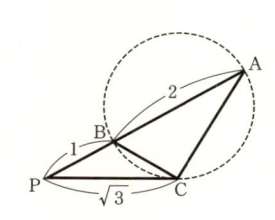

例題3　方べきの定理の逆

右の図のように，2つの円 O，O′ は点 T で同じ直線に接している。この直線上の T 以外の点 P を通る直線と，円 O，円 O′ との交点をそれぞれ A，B，および C，D とするとき，4点 A，B，C，D は同一円周上にあることを証明せよ。

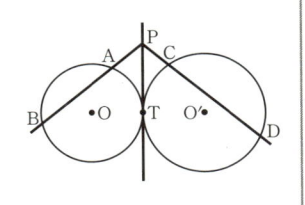

[解説] まず，円 O，円 O′ のそれぞれについて，方べきの定理(2)を適用する。

[証明] 円 O について，方べきの定理より　$PT^2 = PA \cdot PB$ ……①

円 O′ について，方べきの定理より　$PT^2 = PC \cdot PD$ ……②

①，②より　$PA \cdot PB = PC \cdot PD$

ゆえに，方べきの定理の逆より，4点 A，B，C，D は同一円周上にある。

問21　右の図のように，2つの円 O，O′ は2点 M，N で交わる。弦 MN 上の点 P を通る直線と，円 O，円 O′ との交点をそれぞれ A，B，および C，D とするとき，4点 A，B，C，D は同一円周上にあることを証明せよ。

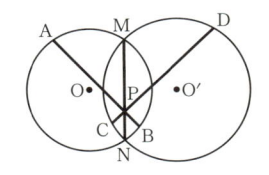

コラム　「方べき」とは？

右の図のように，点 P が半径 r の円 O の内部にあるとする。

方べきの定理(1)より，$PA \cdot PB = PC \cdot PD$ が成り立つ。このとき，点 P を通る直径 A′B′ をとると，
$PA' \cdot PB' = (OA' - OP)(OB' + OP) = r^2 - OP^2$ となる。
すなわち，点 P が円 O の内部にある場合の方べきの定理(1)は，積 $PA \cdot PB$ が常に一定の値 $r^2 - OP^2$ であることを表している。

また，点 P が円 O の外部にあるときは，積 $PA \cdot PB$ は常に $OP^2 - r^2$ であることがわかる。

この一定の値 $r^2 - OP^2$（または $OP^2 - r^2$）を，点 P の円 O に関する方べきということがある。この定理が，方べきの定理といわれることの由来であるという説がある。

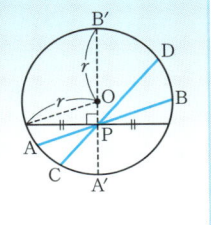

5　2つの円

半径の異なる2つの円の位置関係については，次の図のような5つの場合がある。②の場合には**2円は外接する**，④の場合には**2円は内接する**といい，どちらの場合にも2円は1点を共有していて，その点を**接点**という。

2つの円 O, O′ の半径をそれぞれ r, r' ($r > r'$)，中心間の距離 OO′ を d とすると，それぞれの場合に r, r' と d の間に次の関係がある。

①　互いに外部にある
　　$d > r + r'$

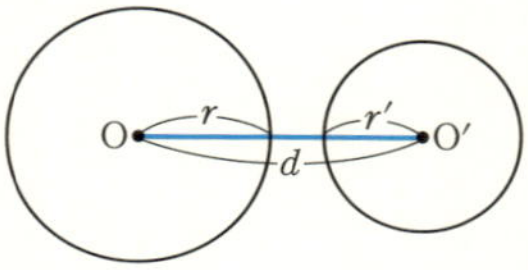

②　外接する
　　$d = r + r'$

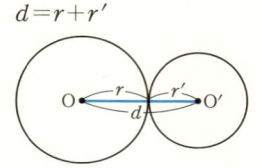

③　2点で交わる
　　$r - r' < d < r + r'$

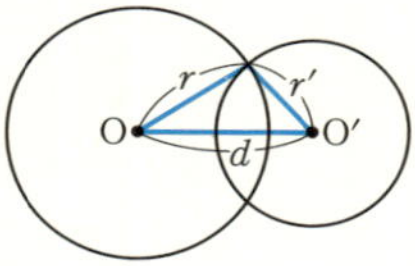

④　内接する
　　$d = r - r'$

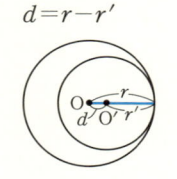

⑤　一方が他方を含む
　　$d < r - r'$

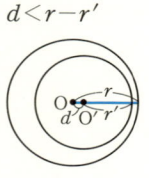

問22　2円の半径をそれぞれ r, r'，中心間の距離を d とする。次のそれぞれの場合の2円の位置関係を答えよ。

(1)　$r = 10$, $r' = 6$, $d = 4$
(2)　$r = 7$, $r' = 4$, $d = 5$
(3)　$r = 5$, $r' = 4$, $d = 9$
(4)　$r = 5$, $r' = 3$, $d = 1$
(5)　$r = 8$, $r' = 2$, $d = 11$

1本の直線が2つの円の両方の接線となるとき，この接線を2円の**共通接線**という。共通接線には，その接線に対して同じ側に2円がある**共通外接線**と，反対側に2円がある**共通内接線**がある。

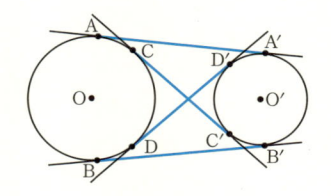

右の図で，直線 AA′, BB′ は2円 O, O′ の共通外接線であり，直線 CC′, DD′ は2円 O, O′ の共通内接線である。また，線分 AA′, BB′ を**共通外接線の長さ**，線分 CC′, DD′ を**共通内接線の長さ**という。共通外接線の長さは等しく，共通内接線の長さは等しい。

例 次の図で，円 O，O′ の半径がそれぞれ 2，1，中心間の距離 OO′ が 4 であるとき，共通外接線の長さ AA′，共通内接線の長さ BB′ を求めてみよう。
図のように，点 O′ から線分 OA に下ろした垂線を O′P，点 O′ から線分 OB の延長に下ろした垂線を O′Q とする。

共通外接線の長さ AA′ は
$$AA' = O'P = \sqrt{OO'^2 - OP^2}$$
$$= \sqrt{OO'^2 - (OA - O'A')^2} = \sqrt{4^2 - 1^2} = \sqrt{15}$$

共通内接線の長さ BB′ は
$$BB' = O'Q = \sqrt{OO'^2 - OQ^2}$$
$$= \sqrt{OO'^2 - (OB + O'B')^2} = \sqrt{4^2 - 3^2} = \sqrt{7}$$

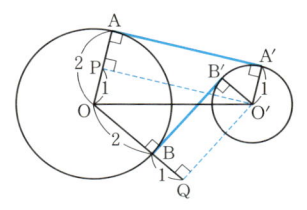

問23 2つの円 O，O′ の半径をそれぞれ r，r' とする。$r=5$，$r'=3$，$OO'=10$ のとき，共通外接線，共通内接線の長さをそれぞれ求めよ。

例題4　共通外接線，共通内接線

右の図のように，2つの円 O，O′ が点 P で外接している。このとき，共通外接線の1つと2つの円との接点をそれぞれ A，B とすると，∠APB = 90° であることを証明せよ。

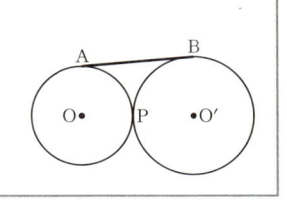

[解説] 共通外接線と共通内接線の交点を C として，△CAP と △CBP が二等辺三角形であることを示す。

[証明] 共通外接線と共通内接線の交点を C とする。
円外の点から円にひいた接線の長さは等しいから
　　　　CA = CP
よって　∠CAP = ∠CPA
同様に　CB = CP から
　　　　∠CBP = ∠CPB
△APB で
∠CAP + ∠CBP + ∠APB = (∠CPA + ∠CPB) + ∠APB = 2∠APB
三角形の内角の和は 180° より　2∠APB = 180°　ゆえに　∠APB = 90°

問24 右の図のように，2つの円 O，O′ が点 P で外接している。点 P を通る2本の直線のそれぞれが円 O，O′ と，点 A，B，および C，D で交わるとき，AC ∥ BD であることを証明せよ。

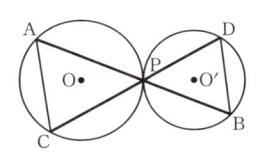

定規とコンパスだけを使って，与えられた条件を満たす図形をかくことを**作図**という。ここでは，共通外接線，共通内接線の作図について学ぶ。

例題5　共通外接線の作図

2つの円 O，O′ があり，半径をそれぞれ r，r' $(r>r')$ とする。右の図を参考にして，円 O，O′ の共通外接線を作図する方法を述べよ。

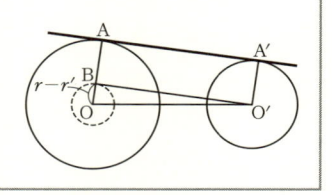

[解説]　中心が O で，半径が $r-r'$ の円に円 O′ の中心からひいた接線を利用する。その接点を B とすると，△OO′B は ∠OBO′=90° の直角三角形である。

[解答]　① O を中心とし，半径が $r-r'$ の円をかく。
　　　　② OO′ を直径とする円をかき，①の円との交点を B，B′ とする。
　　　　（このとき，∠OBO′=90°，∠OB′O′=90° であるから，直線 O′B，O′B′ は①の円の接線になる。） 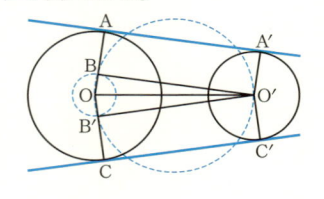
　　　　③ 線分 OB，OB′ の延長と円 O との交点をそれぞれ A，C とする。
　　　　④ 点 O′ を通り線分 OA，OC にそれぞれ平行な直線をひき，円 O′ との交点のうち，直線 OO′ について点 A，C と同じ側の点をそれぞれ A′，C′ とし，A と A′，C と C′ を通る直線をそれぞれひく。

直線 AA′，CC′ が円 O，O′ の共通外接線である。

[参考]　④を「点 A，C を通り，それぞれ線分 OA，OC に垂直な直線をひき，円 O′ との接点をそれぞれ A′，C′ とする」または「点 A，C を通り，それぞれ線分 BO′，B′O′ に平行な直線をひき，円 O′ との接点をそれぞれ A′，C′ とする」としてもよい。

問25　2つの円 O，O′ があり，半径をそれぞれ r，r' とする。右の図を参考にして，円 O，O′ の共通内接線を作図する方法を述べよ。

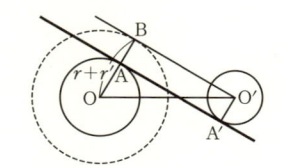

問26　右の図のように，半径 R の円 O の内部に点 A がある。点 A を通り円 O に接する半径 r の円 P を作図する方法を述べよ。

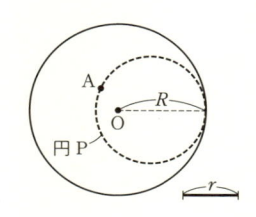

研究　円のおもしろい定理

● トレミーの定理

円に内接する四角形の辺と対角線について，次の**トレミーの定理**が成り立つ。

● トレミーの定理

円に内接する四角形 ABCD について，
　　AB・CD＋AD・BC＝AC・BD　が成り立つ。

[証明]　右の図の四角形 ABCD で，線分 BD 上に ∠BAE＝∠CAD となる点 E をとる。
$\overset{\frown}{AD}$ に対する円周角より
　　　　　　　　∠ABE＝∠ACD
よって　　　　△ABE∽△ACD（2角）
ゆえに　　　　AB：BE＝AC：CD
したがって　　AB・CD＝AC・BE　……①
∠EAD＝∠EAC＋∠CAD
　　　＝∠EAC＋∠BAE＝∠BAC
$\overset{\frown}{AB}$ に対する円周角より
　　　　　　　　∠ADE＝∠ACB
よって　　　　△AED∽△ABC（2角）
ゆえに　　　　AD：ED＝AC：BC
したがって　　AD・BC＝AC・ED　……②
①，②より　　AB・CD＋AD・BC＝AC(BE＋ED)
ゆえに　　　　AB・CD＋AD・BC＝AC・BD

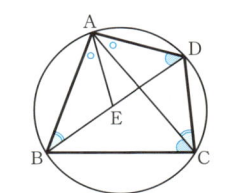

● アポロニウスの円

平面上で，与えられた条件を満たす点全体の集合が 1 つの図形をつくるとき，この図形を，与えられた条件を満たす点の**軌跡**という。
たとえば，次のようなものは軌跡と考えることができる。

- 定点 O からの距離が一定の値 r である点の軌跡は，中心 O，半径 r の円
- 2 定点 A，B から等距離にある点の軌跡は，線分 AB の垂直二等分線
- ∠AOB の内部にあり，2 辺 OA，OB から等距離にある点の軌跡は，∠AOB の二等分線

与えられた条件を満たす点の軌跡が図形 F であることを証明するには，次の 2 つのことを示す。

　(i)　与えられた条件を満たす点が，図形 F 上にある。
　(ii)　図形 F 上のすべての点が，与えられた条件を満たす。

軌跡の例として，**アポロニウスの円**を紹介する。

●アポロニウスの円

2 定点 A，B からの距離の比が $m:n$ である点 P の軌跡は，線分 AB を $m:n$ に内分する点 C，外分する点 D を直径の両端とする円である。ただし，$m \neq n$，$m>0$，$n>0$ とする。

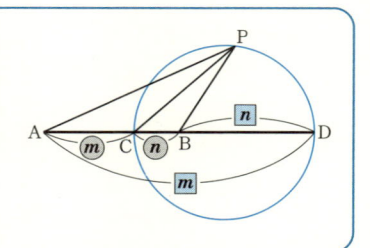

これを，アポロニウスの円という。

証明　(i)　点 P が条件「PA：PB＝$m:n$」を満たすとする。

点 P が直線 AB 上にあるとき，
条件を満たす点は C，D である。
点 P が直線 AB 上にないとき，
△PAB で，PA：PB＝AC：CB より
三角形の内角の二等分線の定理の逆から
$$\angle APC = \angle CPB \quad \cdots\cdots ①$$
線分 AP の延長上に点 T をとると，
△PAB で，PA：PB＝AD：DB より三角形の外角の二等分線の定理の逆から
$$\angle BPD = \angle DPT \quad \cdots\cdots ②$$
①，②より　$\angle CPD = \angle CPB + \angle BPD = \dfrac{1}{2}(\angle APB + \angle BPT) = \dfrac{1}{2} \times 180° = 90°$

ゆえに，点 P は定点 C，D を直径の両端とする円周上にある。

(ii)　点 P が線分 CD を直径とする円周上にあるとする。

点 P が点 C，D と一致するときは，条件を満たす。
点 P が円周上の点 C，D と異なるとき，
点 B を通り，直線 PA に平行な直線と直線 PC，PD との交点をそれぞれ E，F とすると
$$PA : BE = AC : BC = m : n$$
$$PA : BF = AD : BD = m : n$$
よって　PA：BE＝PA：BF
ゆえに　　　　BE＝BF
△PEF で $\angle EPF = 90°$ より，B は直角三角形 EPF の斜辺 EF の中点である。
よって　　　　PB＝BE
ゆえに，PA：PB＝$m:n$ となり，点 P は条件を満たす。

(i)，(ii)から，点 P の軌跡は，定点 C，D を直径の両端とする円である。

参考　$m=n$ のとき，点 P の軌跡は線分 AB の垂直二等分線である。

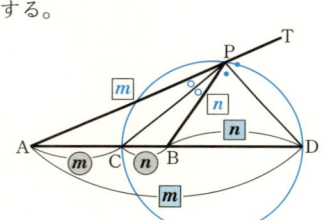

シムソンの定理

円に内接する四角形の応用として，次の**シムソンの定理**がある。

> **●シムソンの定理**
>
> △ABC の外接円の周上の点 P から辺 BC，CA，AB，またはその延長上に下ろした垂線を，それぞれ PD，PE，PF とするとき，3 点 D，E，F は一直線上にある。
> (この直線 DEF をシムソン線という。)

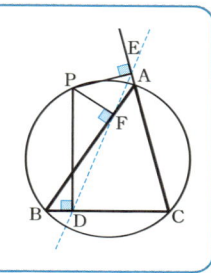

[証明] 右の図のように，点 P が $\overparen{AB}$ 上にある場合を証明する。

四角形 APBC は円に内接するから ∠PAC＋∠PBC＝180°

∠PAC＝90° のとき，点 A と E，点 B と D は一致するから，3 点 D，E，F は一直線上にある。

∠PAC＞90° のとき，

∠PEA＝∠PFA＝90° より ∠PEA＋∠PFA＝180°

であるから，四角形 AEPF は円に内接する。

よって ∠PFE＝∠PAE ……①

∠PFB＝∠PDB＝90° より，四角形 FPBD は円に内接するから ∠PBD＋∠DFP＝180° ……②

また，四角形 APBC は円に内接するから

∠PBD＝∠PAE ……③

①，②，③より ∠DFP＋∠PFE＝180°

ゆえに，3 点 D，E，F は一直線上にある。

また，∠PAC＜90° のときも同様に証明できる。

[参考] シムソンの定理は，その逆も成り立つ。

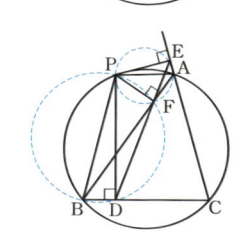

九点円

> **●九点円**
>
> △ABC において，次の 9 点は同一円周上にある。
> 辺 BC，CA，AB の中点　　　　　L，M，N
> 頂点 A，B，C から対辺にひいた
> 垂線と対辺との交点　　　　　　D，E，F
> 頂点 A，B，C と △ABC の垂心 H を
> 結ぶ線分の中点　　　　　　　　P，Q，R

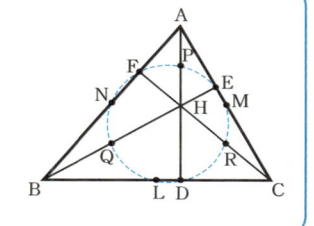

[証明] 右の図のような鋭角三角形 ABC の場合で証明する。
　△ABH で，AN=NB，AP=PH より
　中点連結定理から　NP∥BH ……①
　△BCA で，BL=LC，BN=NA より
　中点連結定理から　NL∥AC ……②
　①，②と BH⊥AC より　NP⊥NL
　よって　∠PNL=90°
　同様に　∠LMP=90°
　ゆえに，4点 L，M，P，N は同一円周上にある。
　すなわち，点 P は △LMN の外接円の周上にある。
　同様に，点 Q，R も △LMN の外接円の周上にある。
　また，PL は △LMN の外接円の直径で，∠PDL=90° であるから，点 D もこの外接円の周上にある。
　同様に，点 E，F もこの外接円の周上にある。
　ゆえに，9点 L，M，N，D，E，F，P，Q，R は同一円周上にある。

[参考] この9点を通る円を，**九点円**（または，オイラー円，フォイエルバッハ円）という。

　九点円の中心と半径について考えてみよう。
　右の図の鋭角三角形 ABC において，外心を O，垂心を H とする。
　△HAB で，　　HP=PA，HQ=QB より
中点連結定理から　AB∥PQ，AB=2PQ
同様に　　　　　BC∥QR，BC=2QR
　　　　　　　　CA∥RP，CA=2RP
よって　　　　　△ABC∽△PQR
　△ABC の九点円は △PQR の外接円である。
△ABC∽△PQR で，その相似比は 2:1 であるから，△ABC と △PQR の外接円の半径の比は 2:1 である。
また，△ABC と △PQR は，点 H を相似の中心として相似の位置にある。
　九点円の中心を O′ とすると　HO:HO′=2:1
よって，それぞれの外接円も相似の位置にある。
すなわち，O′ は線分 HO の中点である。
ゆえに，△ABC の九点円の中心は，外心と垂心を結ぶ線分の中点であり，半径は外接円の半径の半分である。
（p.34 のオイラー線上に点 O′ はある。）

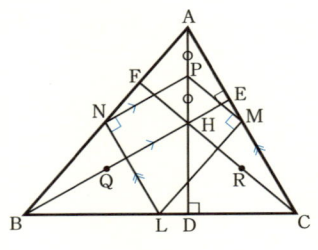

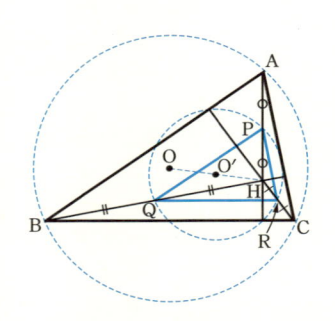

● パスカルの定理

メネラウスの定理，方べきの定理などを利用して，次の**パスカルの定理**が証明できる。

> **●パスカルの定理**
>
> 円に内接する六角形 ABCDEF について，対辺 AB と DE，BC と EF，CD と FA の延長の交点をそれぞれ P，Q，R とするとき，3点 P，Q，R は一直線上にある。

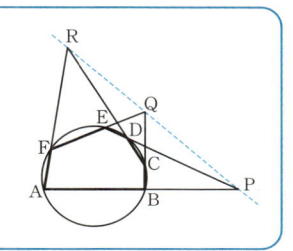

証明 右の図の六角形 ABCDEF について証明する。
直線 AB と CD，AB と EF，CD と EF の交点をそれぞれ L, M, N とする。

方べきの定理より

$$\text{LA} \cdot \text{LB} = \text{LC} \cdot \text{LD} \quad \cdots\cdots ①$$
$$\text{MA} \cdot \text{MB} = \text{ME} \cdot \text{MF} \quad \cdots\cdots ②$$
$$\text{NC} \cdot \text{ND} = \text{NE} \cdot \text{NF} \quad \cdots\cdots ③$$

△LMN と直線 BC について，メネラウスの定理から

$$\frac{\text{LC}}{\text{CN}} \cdot \frac{\text{NQ}}{\text{QM}} \cdot \frac{\text{MB}}{\text{BL}} = 1 \quad \text{よって} \quad \frac{\text{MQ}}{\text{QN}} = \frac{\text{MB}}{\text{BL}} \cdot \frac{\text{LC}}{\text{CN}} \quad \cdots\cdots ④$$

△LMN と直線 FA について，メネラウスの定理から

$$\frac{\text{LR}}{\text{RN}} \cdot \frac{\text{NF}}{\text{FM}} \cdot \frac{\text{MA}}{\text{AL}} = 1 \quad \text{よって} \quad \frac{\text{NR}}{\text{RL}} = \frac{\text{MA}}{\text{AL}} \cdot \frac{\text{NF}}{\text{FM}} \quad \cdots\cdots ⑤$$

△LMN と直線 DE について，メネラウスの定理から

$$\frac{\text{LD}}{\text{DN}} \cdot \frac{\text{NE}}{\text{EM}} \cdot \frac{\text{MP}}{\text{PL}} = 1 \quad \text{よって} \quad \frac{\text{LP}}{\text{PM}} = \frac{\text{LD}}{\text{DN}} \cdot \frac{\text{NE}}{\text{EM}} \quad \cdots\cdots ⑥$$

①，②，③，④，⑤，⑥ より

$$\frac{\text{LP}}{\text{PM}} \cdot \frac{\text{MQ}}{\text{QN}} \cdot \frac{\text{NR}}{\text{RL}} = \frac{\text{LD}}{\text{DN}} \cdot \frac{\text{NE}}{\text{EM}} \cdot \frac{\text{MB}}{\text{BL}} \cdot \frac{\text{LC}}{\text{CN}} \cdot \frac{\text{MA}}{\text{AL}} \cdot \frac{\text{NF}}{\text{FM}}$$

$$= \frac{\text{LC} \cdot \text{LD}}{\text{LA} \cdot \text{LB}} \cdot \frac{\text{MA} \cdot \text{MB}}{\text{ME} \cdot \text{MF}} \cdot \frac{\text{NE} \cdot \text{NF}}{\text{NC} \cdot \text{ND}} = 1$$

よって $\dfrac{\text{LP}}{\text{PM}} \cdot \dfrac{\text{MQ}}{\text{QN}} \cdot \dfrac{\text{NR}}{\text{RL}} = 1$

ゆえに，メネラウスの定理の逆から，3点 P，Q，R は一直線上にある。

参考 この直線 PQR を**パスカル線**ということもある。パスカルの定理は，「円に内接する六角形の3組の対辺の延長の交点は一直線上にある」と表現されることもある。

演習問題

1 右の図のように，△ABC の外接円 O の周上に $\overparen{BD}=\overparen{DC}$，$\overparen{CE}:\overparen{EA}=\overparen{AF}:\overparen{FB}=1:2$ となるように点 D，E，F をとる。∠A＝57°，∠B＝48° のとき，△DEF の 3 つの角の大きさを求めよ。

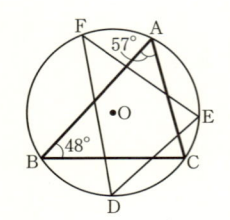

2 右の図のように，円に内接する四角形 ABCD の対角線 AC と BD は点 P で直交している。点 P を通り辺 CD に垂直な直線と辺 CD，AB との交点をそれぞれ Q，R とするとき，次のことを証明せよ。
(1) ∠CPQ＝∠PDQ
(2) RP＝RA
(3) R は線分 AB の中点である。（ブラーマグプタの定理）

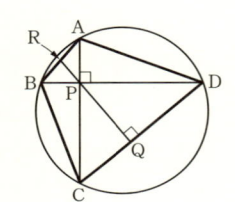

3 △ABC の辺 AB 上に点 D，辺 CA 上に点 E をとり，線分 BE と CD の交点を F とする。4 点 A，D，E，F が同一円周上にあり，∠AEB＝2∠ABE＝4∠ACD が成り立つとき，∠BAC の大きさを求めよ。

4 右の図の △ABC で，点 D，E，F はそれぞれ辺 BC，CA，AB 上にあり，2 つの円は，それぞれ点 B，D，F，および点 C，D，E を通る。この 2 つの円の点 D 以外の交点を P とするとき，4 点 A，F，P，E は同一円周上にあることを証明せよ。

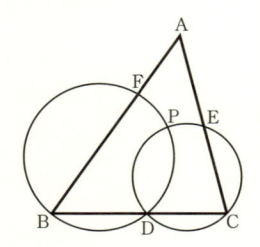

5 四角形 ABCD において，対角線 AC と BD の交点を P とする。∠DAC＝∠DBC，AC＝8，AP＝2，PD＝4 とするとき，対角線 BD の長さを求めよ。

6 右の図のように，円周上に 4 点 A，B，C，D をとり，$\overparen{BC}=\overparen{CD}$ とする。点 C におけるこの円の接線と直線 AD との交点を E とするとき，∠ACB＝∠AEC であることを証明せよ。

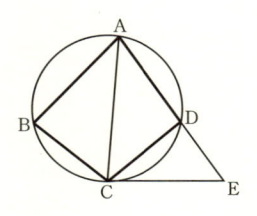

7 ** 右の図の △ABC で，AB＝AC＝5，BC＝$\sqrt{5}$ とする。辺 AC 上に点 D を AD＝3 となるようにとり，辺 CB の延長と △ABD の外接円との交点を E とする。 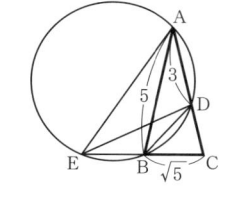
(1) 線分 BE の長さを求めよ。
(2) △AEC の重心を G とするとき，△AGD の面積は △ABC の面積の何倍か。
(3) 線分 ED と AB の交点を P とするとき，線分 EP の長さを求めよ。

8 右の図の △ABC で，AB＝AC とする。頂点 A，B からそれぞれの対辺に垂線 AD，BE をひき，垂心を H とする。このとき，DE は △AHE の外接円の接線であることを証明せよ。

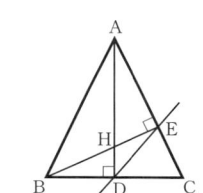

9 右の図のように，半円 O に内接している 2 つの円 A，B はたがいに外接し，それぞれ点 O，P で半円 O の直径に接している。半円 O の半径を r とするとき，円 B の半径を r を使って表せ。

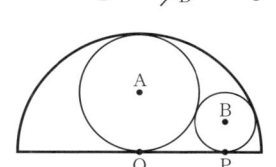

10 右の図で，△ABC は 1 辺の長さが 2 の正三角形である。半径 x の円 P と半径 y の円 Q，R，S がある。円 P は △ABC の 3 辺と接し，他の 3 つの円と外接している。3 つの円 Q，R，S は △ABC の 2 辺に接している。このとき，x，y の値を求めよ。

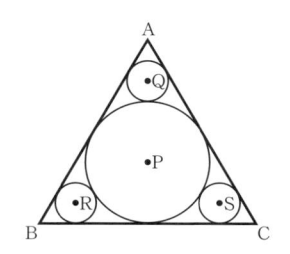

11 ** 右の図のように，円 O の直径 AB の点 B における接線上に点 C をとり，線分 BC 上に点 D をとる。直線 AD，AC と円 O との交点をそれぞれ P，Q とし，直線 PQ と BC との交点を E とするとき，次のことを証明せよ。
(1) 四角形 PDCQ は円に内接する。 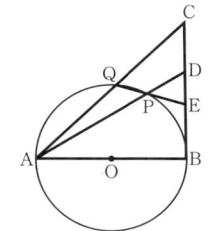
(2) EC・ED＝EB^2 が成り立つ。
(3) $\dfrac{1}{BC}+\dfrac{1}{BD}=\dfrac{1}{BE}$ が成り立つ。

3章 三角比

1　三角比の性質

1　鋭角の三角比

2つの直角三角形 ABC と A'B'C' で，∠A＝∠A'，∠B＝∠B'＝90° ならば △ABC∽△A'B'C' であるから，
AB：BC：CA＝A'B'：B'C'：C'A' より
$$\frac{BC}{CA}=\frac{B'C'}{C'A'},\quad \frac{AB}{CA}=\frac{A'B'}{C'A'},\quad \frac{BC}{AB}=\frac{B'C'}{A'B'}$$

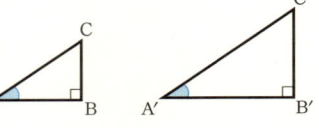

すなわち，∠A の大きさが定まれば，辺の比 $\frac{BC}{CA}$，$\frac{AB}{CA}$，$\frac{BC}{AB}$ の値は △ABC の大きさに関係なく一定である。そこで，これらの比の値を次の記号で表す。

●鋭角の三角比

$$\sin A=\frac{BC}{CA}=\frac{a}{b},\quad \cos A=\frac{AB}{CA}=\frac{c}{b},\quad \tan A=\frac{BC}{AB}=\frac{a}{c}$$

このとき，A は ∠A の大きさを表す。

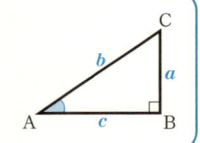

sin$A$ を ∠A の**正弦**または**サイン**（sine），
cos$A$ を ∠A の**余弦**または**コサイン**（cosine），
tan$A$ を ∠A の**正接**または**タンジェント**（tangent）
といい，これらをまとめて**三角比**という。

∠B＝90° の直角三角形において，辺 CA を斜辺，辺 BC を ∠A の対辺，辺 AB を ∠A の隣辺として，次のように覚えてもよい。

$$\sin A=\frac{対辺}{斜辺},\quad \cos A=\frac{隣辺}{斜辺},\quad \tan A=\frac{対辺}{隣辺}$$

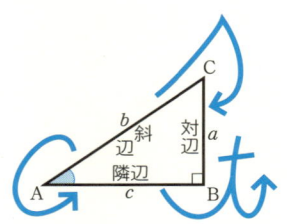

（正弦，余弦，正接の頭文字 s，c，t の筆記体を ∠A に合わせて ⟶ のように分母，分子という形で覚えてもよい。）

例　△ABC で，∠B＝90°，AB＝4，BC＝3 のとき，sin$A$，cos$A$，tan$A$ の値を求める。
CA＝$\sqrt{4^2+3^2}=5$ であるから
$$\sin A=\frac{3}{5},\quad \cos A=\frac{4}{5},\quad \tan A=\frac{3}{4}$$

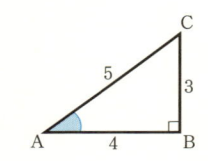

問1 △ABC で，∠B=90°，BC=8，CA=17 のとき，$\sin A$，$\cos A$，$\tan A$ の値を求めよ。

巻末の三角比の表から，三角比の値を小数第4位まで調べることができる。

例 $\sin 42° = 0.6691$，　　$\cos 72° = 0.3090$，　　$\tan 18° = 0.3249$

三角定規になっている2つの直角三角形で，30°，45°，60°の三角比の値を求めると，次の表のようになる。

A	30°	45°	60°
$\sin A$	$\dfrac{1}{2}$	$\dfrac{1}{\sqrt{2}}$	$\dfrac{\sqrt{3}}{2}$
$\cos A$	$\dfrac{\sqrt{3}}{2}$	$\dfrac{1}{\sqrt{2}}$	$\dfrac{1}{2}$
$\tan A$	$\dfrac{1}{\sqrt{3}}$	1	$\sqrt{3}$

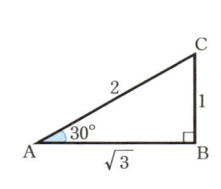

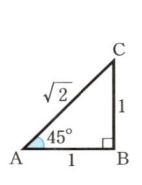

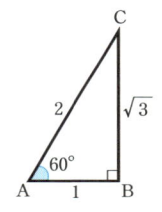

問2 次の式の値を求めよ。
(1) $\sin 60° \cos 30° + \sin 30° \cos 60°$ 　　(2) $\cos 45° \sin 30° - \sin 45° \cos 60°$
(3) $\tan 45° - \tan 30° \tan 60°$

問3 △ABC で，∠A=15°，∠B=90°，BC=1 とする。辺 CA の垂直二等分線と辺 AB との交点を D とする。
(1) ∠CDB の大きさを求めよ。
(2) 辺 AB，CA の大きさを求めよ。
(3) $\sin 15°$，$\cos 15°$ の値を求めよ。

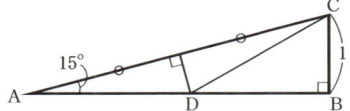

つぎに三角比の相互関係について調べてみよう。

右の図で，$\sin A = \dfrac{a}{b}$，$\cos A = \dfrac{c}{b}$，$\tan A = \dfrac{a}{c}$

とすると，$a = b \sin A$，$c = b \cos A$

よって　$\tan A = \dfrac{a}{c} = \dfrac{b \sin A}{b \cos A} = \dfrac{\sin A}{\cos A}$ ……①

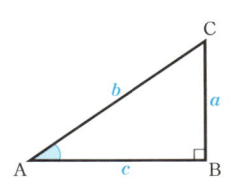

また，三平方の定理より　$a^2 + c^2 = b^2$ であるから
$$(b \sin A)^2 + (b \cos A)^2 = b^2$$
両辺を b^2 で割ると
$$(\sin A)^2 + (\cos A)^2 = 1$$
$(\sin A)^2$ を $\sin^2 A$，$(\cos A)^2$ を $\cos^2 A$ と書くと
$$\sin^2 A + \cos^2 A = 1 \quad \text{……②}$$

②の両辺を $\cos^2 A$ で割ると $\quad \left(\dfrac{\sin A}{\cos A}\right)^2 + 1 = \dfrac{1}{\cos^2 A}$

$(\tan A)^2$ を $\tan^2 A$ と書くと①より $\quad 1 + \tan^2 A = \dfrac{1}{\cos^2 A}$

以上より，次の公式が成り立つ。

●**三角比の相互関係**

$$\tan A = \dfrac{\sin A}{\cos A}, \quad \sin^2 A + \cos^2 A = 1, \quad 1 + \tan^2 A = \dfrac{1}{\cos^2 A}$$

例 等式 $\sin^4 A - \cos^4 A = \sin^2 A - \cos^2 A$ が成り立つことを証明してみよう。

$$\sin^4 A - \cos^4 A = (\sin^2 A)^2 - (\cos^2 A)^2$$
$$= (\sin^2 A + \cos^2 A)(\sin^2 A - \cos^2 A)$$

$\sin^2 A + \cos^2 A = 1$ であるから
$$\sin^4 A - \cos^4 A = \sin^2 A - \cos^2 A$$

問4 次の等式が成り立つことを証明せよ。

(1) $\tan A + \dfrac{1}{\tan A} = \dfrac{1}{\sin A \cos A}$ 　　(2) $\tan^2 A - \sin^2 A = \tan^2 A \sin^2 A$

A と $90° - A$ の三角比の関係について調べてみよう。
右の図の直角三角形 ABC で，

$\sin A = \dfrac{a}{b}, \quad \cos A = \dfrac{c}{b}, \quad \tan A = \dfrac{a}{c}$

$\sin C = \dfrac{c}{b}, \quad \cos C = \dfrac{a}{b}, \quad \tan C = \dfrac{c}{a}$

$C = 90° - A$ であるから，次の公式が成り立つ。

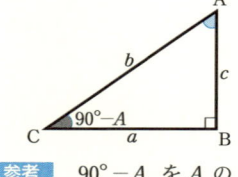

参考 $90° - A$ を A の余角ということがある。

●**$90°-A$ の三角比（余角の三角比）**

$$\sin(90° - A) = \cos A$$
$$\cos(90° - A) = \sin A$$
$$\tan(90° - A) = \dfrac{1}{\tan A}$$

この公式を利用すると，鋭角の三角比は $45°$ 以下の角の三角比で表すことができる。

例 $\sin 77° = \sin(90° - 13°) = \cos 13°$
$\cos 77° = \cos(90° - 13°) = \sin 13°$
$\tan 77° = \tan(90° - 13°) = \dfrac{1}{\tan 13°}$

問5 次の三角比を $45°$ 以下の角の三角比で表せ。

(1) $\sin 66°$ 　　(2) $\cos 87°$ 　　(3) $\tan 72°$

2 鈍角の三角比

鋭角の三角比は直角三角形を用いて考えた。ここでは，鈍角の三角比を座標を用いて考える。

角 θ が $0° \leqq \theta \leqq 180°$ の範囲にあるとする。（θ はギリシャ文字でシータと読む。）原点 O を中心とする半径 r の円において，x 軸の正の向きから左まわりに角 θ をとったときの半径を OP とし，点 P の座標を (x, y) とするとき，角 θ の三角比を次のように定義する。この値は，r によらず θ だけで決まる。

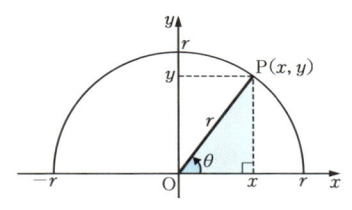

●鈍角の三角比

$$\sin\theta = \frac{y}{r}, \quad \cos\theta = \frac{x}{r}, \quad \tan\theta = \frac{y}{x}$$

ただし，$\theta = 90°$ のとき $x = 0$ であるから，$\tan\theta$ は定義されない。

θ が鈍角のとき，$x < 0$，$y > 0$ より $\sin\theta > 0$，$\cos\theta < 0$，$\tan\theta < 0$ となる。

例 半径 2 の円で，$\theta = 120°$ とすると
$P(-1, \sqrt{3})$ であるから
$$\sin 120° = \frac{\sqrt{3}}{2}, \quad \cos 120° = \frac{-1}{2} = -\frac{1}{2},$$
$$\tan 120° = \frac{\sqrt{3}}{-1} = -\sqrt{3}$$

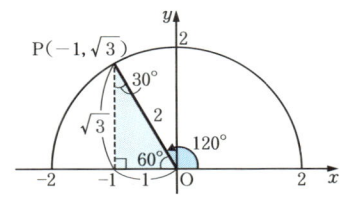

問6 半径 $\sqrt{2}$ の円において，$\theta = 135°$ として，$135°$ の三角比を求めよ。

原点を中心とする半径 1 の円を**単位円**という。単位円で考えると，$P(x, y)$ とするとき，角 θ の三角比は次のように表される。

$$\sin\theta = y, \quad \cos\theta = x, \quad \tan\theta = \frac{y}{x}$$

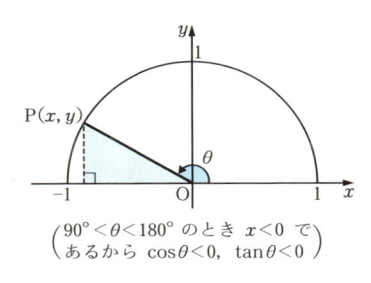

$\left(\begin{array}{l}90° < \theta < 180° \text{ のとき } x < 0 \text{ で}\\ \text{あるから } \cos\theta < 0, \tan\theta < 0\end{array}\right)$

また，$0° \leqq \theta \leqq 180°$ のとき
$-1 \leqq x \leqq 1$，$0 \leqq y \leqq 1$ であるから

$$-1 \leqq \cos\theta \leqq 1, \quad 0 \leqq \sin\theta \leqq 1$$

である。

1―三角比の性質

$0°$，$90°$，$180°$の三角比については，点 P の座標がそれぞれ $(1, 0)$，$(0, 1)$，$(-1, 0)$ であるから，次のようになる。

$\sin 0° = 0$, $\quad \cos 0° = 1$, $\quad \tan 0° = 0$
$\sin 90° = 1$, $\quad \cos 90° = 0$, $\quad \tan 90°$ は定義されない
$\sin 180° = 0$, $\cos 180° = -1$, $\tan 180° = 0$

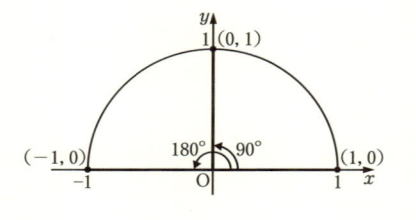

多く利用される三角比の値を表にまとめると，次のようになる。

θ	$0°$	$30°$	$45°$	$60°$	$90°$	$120°$	$135°$	$150°$	$180°$
$\sin\theta$	0	$\dfrac{1}{2}$	$\dfrac{1}{\sqrt{2}}$	$\dfrac{\sqrt{3}}{2}$	1	$\dfrac{\sqrt{3}}{2}$	$\dfrac{1}{\sqrt{2}}$	$\dfrac{1}{2}$	0
$\cos\theta$	1	$\dfrac{\sqrt{3}}{2}$	$\dfrac{1}{\sqrt{2}}$	$\dfrac{1}{2}$	0	$-\dfrac{1}{2}$	$-\dfrac{1}{\sqrt{2}}$	$-\dfrac{\sqrt{3}}{2}$	-1
$\tan\theta$	0	$\dfrac{1}{\sqrt{3}}$	1	$\sqrt{3}$		$-\sqrt{3}$	-1	$-\dfrac{1}{\sqrt{3}}$	0

右の図のように，点 $A(1, 0)$ を通り x 軸に垂直な直線 ℓ と直線 OP との交点を $T(1, m)$ とすると

$$\tan\theta = \frac{y}{x} = \frac{m}{1} = m \quad \cdots\cdots ①$$

$0° \leqq \theta \leqq 180°$, $\theta \neq 90°$ の範囲で θ を動かすと，m の値は実数全体をとる。
ゆえに，$\tan\theta$ はすべての実数値をとる。

①において，$\dfrac{y}{x} = m$ より $y = mx$

$m \neq 0$ のとき，$y = mx$ は原点を通る直線を表す。$m = \tan\theta$ であるから，次のことがわかる。ただし，$m = 0$ のとき，$\theta = 0°$ と考える。

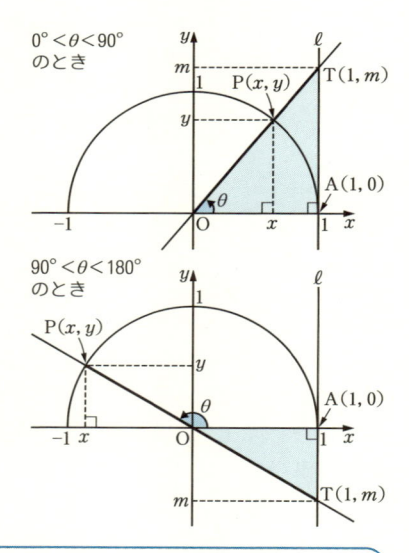

──●直線の傾きと正弦──
直線 $y = mx$ と x 軸の正の向きとのなす角を θ とすると，$\boldsymbol{m = \tan\theta}$

例 直線 $y = \sqrt{3}\,x$ と x 軸の正の向きとのなす角を θ ($0° \leqq \theta \leqq 180°$) とすると，$\tan\theta = \sqrt{3}$ であるから $\theta = 60°$

例題1　三角比の値から角を求める

$0° \leq \theta \leq 180°$ のとき，次の等式を満たす θ を求めよ。

(1) $\sin\theta = \dfrac{\sqrt{2}}{2}$　　　(2) $\cos\theta = -\dfrac{\sqrt{3}}{2}$　　　(3) $\tan\theta = -\sqrt{3}$

[解説] (1)は直線 $y=\dfrac{\sqrt{2}}{2}$，(2)は直線 $x=-\dfrac{\sqrt{3}}{2}$ と単位円との交点を考える。

(3)で，直線 $y=mx$ の傾きが $-\sqrt{3}$ となる点は，直線 $x=1$ 上の y 座標が $-\sqrt{3}$ となる点を T とすると，直線 OT（$y=-\sqrt{3}\,x$）と単位円の交点である。

[解答] (1) 単位円の周上で，y 座標が $\dfrac{\sqrt{2}}{2}$ となる点は，右の図の点 P，P′ である。
ゆえに，求める θ は $\angle$AOP，$\angle$AOP′ より
$\theta = 45°,\ 135°$

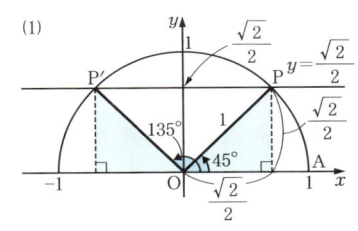

(2) 単位円の周上で，x 座標が $-\dfrac{\sqrt{3}}{2}$ となる点は，左下の図の点 P である。

ゆえに，求める θ は $\angle$AOP より　$\theta = 150°$

(3) 直線 $x=1$ 上で，y 座標が $-\sqrt{3}$ となる点を T とする。直線 OT と半径 1 の半円の交点は，右の図の点 P である。

ゆえに，求める θ は $\angle$AOP より
$\theta = 120°$

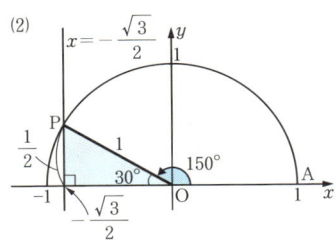

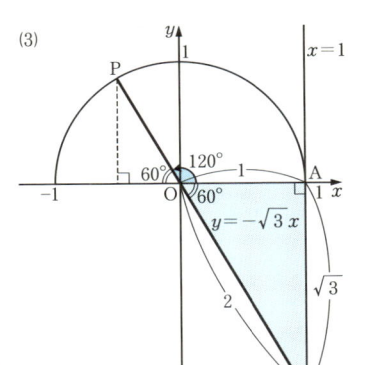

問7　$0° \leq \theta \leq 180°$ のとき，次の等式を満たす θ を求めよ。

(1) $\sin\theta = \dfrac{1}{2}$　　　(2) $\cos\theta = -\dfrac{\sqrt{2}}{2}$　　　(3) $\tan\theta = -\dfrac{1}{\sqrt{3}}$

問8　直線 $y=-x$ と x 軸の正の向きとのなす角 θ を求めよ。

$180°-\theta$ の三角比について調べてみよう。

右の図のように，単位円の周上に2点P，Qをy軸に対称になるようにとる。
点P(x, y)とすると点Q$(-x, y)$である。
∠AOP$=\theta$ とおくと ∠AOQ$=180°-\theta$ であるから，

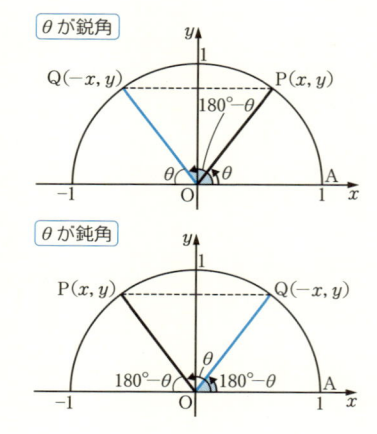

$$\sin(180°-\theta)=y=\sin\theta,$$
$$\cos(180°-\theta)=-x=-\cos\theta,$$
$$\tan(180°-\theta)=\frac{y}{-x}=-\frac{y}{x}=-\tan\theta$$

参考 $180°-\theta$ を θ の補角ということがある。

以上より，次の公式が成り立つ。

―●$180°-\theta$ の三角比（補角の三角比）―
$$\sin(180°-\theta)=\sin\theta, \quad \cos(180°-\theta)=-\cos\theta, \quad \tan(180°-\theta)=-\tan\theta$$

この公式を利用して，鈍角の三角比を鋭角の三角比で表すことができる。
また，巻末の三角比の表を使って，$0°≦\theta≦180°$ の三角比の値がわかる。

例
$\sin 127°=\sin(180°-53°)=\sin 53°$ 　　$(\sin 53°=0.7986)$
$\cos 127°=\cos(180°-53°)=-\cos 53°$ 　$(\cos 53°=0.6018)$
$\tan 127°=\tan(180°-53°)=-\tan 53°$ 　$(\tan 53°=1.3270)$

p.64 の三角比の相互関係は，$0°≦\theta≦180°$ の範囲でも成り立つ。
単位円上の点P(x, y) で，$x=\cos\theta$，$y=\sin\theta$ から

$$\tan\theta=\frac{y}{x}=\frac{\sin\theta}{\cos\theta}$$

また，三平方の定理より $x^2+y^2=1$ から

$$\cos^2\theta+\sin^2\theta=1$$

この等式の両辺を $\cos^2\theta$ で割ると

$1+\dfrac{\sin^2\theta}{\cos^2\theta}=\dfrac{1}{\cos^2\theta}$ より $1+\tan^2\theta=\dfrac{1}{\cos^2\theta}$

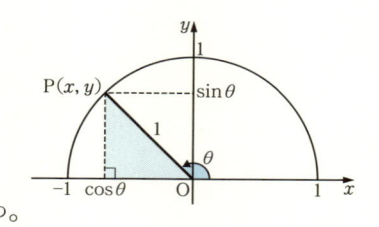

よって，$0°≦\theta≦180°$ で，次の公式が成り立つ。

―●三角比の相互関係―
$$\tan\theta=\frac{\sin\theta}{\cos\theta}, \quad \sin^2\theta+\cos^2\theta=1, \quad 1+\tan^2\theta=\frac{1}{\cos^2\theta}$$

例題2　三角比の相互関係

次のように角 θ の三角比の1つの値が与えられたとき，他の三角比の値を求めよ。ただし，$0° \leqq \theta \leqq 180°$ とする。

(1)　$\sin\theta = \dfrac{12}{13}$　　　(2)　$\cos\theta = -\dfrac{1}{3}$　　　(3)　$\tan\theta = -3$

解説　次の三角比の相互関係の公式を利用する。

$$\tan\theta = \frac{\sin\theta}{\cos\theta}, \quad \sin^2\theta + \cos^2\theta = 1, \quad 1 + \tan^2\theta = \frac{1}{\cos^2\theta}$$

また，(1)では適する θ が2つあることに注意すること。
(3)で $\sin\theta$ を求めるときは，$\sin\theta = \tan\theta \cos\theta$ として利用するとよい。

解答　(1)　$\cos^2\theta = 1 - \sin^2\theta = 1 - \left(\dfrac{12}{13}\right)^2 = \dfrac{25}{169}$

θ が鋭角のとき，$\cos\theta > 0$ であるから
$$\cos\theta = \sqrt{\dfrac{25}{169}} = \dfrac{5}{13}, \quad \tan\theta = \dfrac{\sin\theta}{\cos\theta} = \dfrac{12}{13} \div \dfrac{5}{13} = \dfrac{12}{5}$$

θ が鈍角のとき，$\cos\theta < 0$ であるから
$$\cos\theta = -\sqrt{\dfrac{25}{169}} = -\dfrac{5}{13}, \quad \tan\theta = \dfrac{\sin\theta}{\cos\theta} = \dfrac{12}{13} \div \left(-\dfrac{5}{13}\right) = -\dfrac{12}{5}$$

ゆえに　$\cos\theta = \pm\dfrac{5}{13}, \quad \tan\theta = \pm\dfrac{12}{5}$　（複号同順）

(2)　$\sin^2\theta = 1 - \cos^2\theta = 1 - \left(-\dfrac{1}{3}\right)^2 = \dfrac{8}{9}$

$0° \leqq \theta \leqq 180°$ であるから　$\sin\theta \geqq 0$

$$\sin\theta = \sqrt{\dfrac{8}{9}} = \dfrac{2\sqrt{2}}{3}, \quad \tan\theta = \dfrac{\sin\theta}{\cos\theta} = \dfrac{2\sqrt{2}}{3} \div \left(-\dfrac{1}{3}\right) = -2\sqrt{2}$$

(3)　$\dfrac{1}{\cos^2\theta} = 1 + \tan^2\theta = 1 + (-3)^2 = 10$　より　$\cos^2\theta = \dfrac{1}{10}$

$\tan\theta < 0$ より，θ は鈍角であるから　$\cos\theta < 0$

$$\cos\theta = -\sqrt{\dfrac{1}{10}} = -\dfrac{\sqrt{10}}{10},$$
$$\sin\theta = \tan\theta \cos\theta = (-3) \cdot \left(-\dfrac{\sqrt{10}}{10}\right) = \dfrac{3\sqrt{10}}{10}$$

問9　次のように角 θ の三角比の1つの値が与えられたとき，他の三角比の値を求めよ。ただし，$0° \leqq \theta \leqq 180°$ とする。

(1)　$\sin\theta = \dfrac{5}{6}$　　　(2)　$\cos\theta = \dfrac{3}{4}$　　　(3)　$\tan\theta = -2$

例題3 　等式の証明

次の等式が成り立つことを証明せよ。
$$\frac{1+\cos\theta}{1-\sin\theta} - \frac{1-\cos\theta}{1+\sin\theta} = \frac{2(\tan\theta+1)}{\cos\theta}$$

解説　等式 $A=B$ が成り立つことを証明するには，
① A，B をそれぞれ別々に変形して，同じ式になることから示す
② A，B のどちらか一方を変形して，他方になることから示す
③ $A-B$ を変形して，0 になることから示す
などの方法がある。ここでは，①で証明する。

証明　(左辺) $= \dfrac{1+\cos\theta}{1-\sin\theta} - \dfrac{1-\cos\theta}{1+\sin\theta} = \dfrac{(1+\cos\theta)(1+\sin\theta) - (1-\cos\theta)(1-\sin\theta)}{(1-\sin\theta)(1+\sin\theta)}$

$= \dfrac{1+\sin\theta+\cos\theta+\cos\theta\sin\theta - (1-\sin\theta-\cos\theta+\cos\theta\sin\theta)}{1-\sin^2\theta}$

$= \dfrac{2(\sin\theta+\cos\theta)}{\cos^2\theta}$

(右辺) $= \dfrac{2(\tan\theta+1)}{\cos\theta} = \dfrac{2\left(\dfrac{\sin\theta}{\cos\theta}+1\right)}{\cos\theta} = \dfrac{2(\sin\theta+\cos\theta)}{\cos^2\theta}$

ゆえに　$\dfrac{1+\cos\theta}{1-\sin\theta} - \dfrac{1-\cos\theta}{1+\sin\theta} = \dfrac{2(\tan\theta+1)}{\cos\theta}$

参考　上の証明の (左辺) を次のようにすると，解説の②の方法となる。

$$\frac{2(\sin\theta+\cos\theta)}{\cos^2\theta} = \frac{2\left(\dfrac{\sin\theta}{\cos\theta}+1\right)}{\cos\theta} = \frac{2(\tan\theta+1)}{\cos\theta} = (右辺)$$

問10　次の等式が成り立つことを証明せよ。
$$(1+\sin\theta+\cos\theta)^2 = 2(1+\sin\theta)(1+\cos\theta)$$

三角比の逆数

三角比の逆数を，次の記号を利用して表すことがある。

$$\cot\theta = \frac{1}{\tan\theta}, \quad \sec\theta = \frac{1}{\cos\theta}, \quad \csc\theta = \frac{1}{\sin\theta}$$

$\cot\theta$ は**コタンジェント**（余接），$\sec\theta$ は**セカント**（正割），$\csc\theta$ は**コセカント**（余割）という。これらを利用して，次の等式が成り立つ。

$(\sin\theta = \cos\theta\tan\theta)$, 　$\cos\theta = \cot\theta\sin\theta$, 　$\tan\theta = \sin\theta\sec\theta$
$\cot\theta = \csc\theta\cos\theta$, 　$\sec\theta = \tan\theta\csc\theta$, 　$\csc\theta = \sec\theta\cot\theta$

演習問題

1 △ABC は AB=AC の二等辺三角形で，∠A=36°，BC=1 とする。∠B の二等分線と辺 CA との交点を D とする。
(1) 辺 AB の長さを求めよ。
(2) (1)を利用して，$\cos 72°$，$\cos 36°$ の値を求めよ。

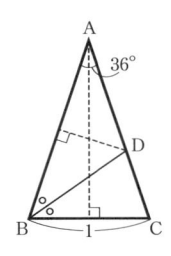

2 次の式の値を求めよ。
(1) $\sin 27° \cos 63° + \cos 27° \sin 63°$
(2) $\sin^2 25° + \sin^2 35° + \sin^2 45° + \sin^2 55° + \sin^2 65°$

3 次の等式が成り立つことを証明せよ。
$$1 + \frac{1}{\tan^2 \theta} = \frac{1}{\sin^2 \theta}$$

4 $\sin 21° = a$ とするとき，次の値を a で表せ。
(1) $\cos 21°$ (2) $\tan 21°$ (3) $\sin 159°$ (4) $\tan 111°$

5 $\sin\theta + \cos\theta = \dfrac{1}{5}$ のとき，次の式の値を求めよ。
(1) $\sin\theta \cos\theta$
(2) $\sin^3\theta + \cos^3\theta$

6 △ABC において，次の等式が成り立つことを証明せよ。
(1) $\sin A = \sin(B+C)$
(2) $\sin \dfrac{A}{2} = \cos \dfrac{B+C}{2}$
(3) $\tan \dfrac{A}{2} \tan \dfrac{B+C}{2} = 1$

7 $0° \leq \theta \leq 180°$ のとき，次の等式を満たす θ を求めよ。
(1) $4\cos^2 \theta - 1 = 0$
(2) $2\cos^2 \theta + 3\sin\theta - 3 = 0$

8 2直線 $y = \sqrt{3}x - 1$，$y = -x + 1$ のなす角 θ を求めよ。ただし，$0° \leq \theta \leq 90°$ とする。

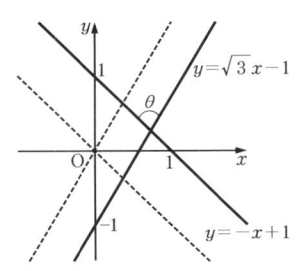

2 三角形への応用

1 正弦定理

三角形の辺と角，その外接円の半径 R について，次の**正弦定理**が成り立つ。

●**正弦定理**
$\triangle$ABC の外接円の半径を R とすると，
$$\frac{a}{\sin A}=\frac{b}{\sin B}=\frac{c}{\sin C}=2R$$

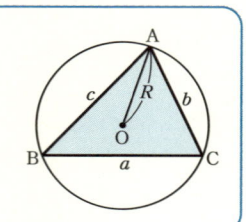

[証明] $\triangle$ABC の外接円の中心を O とする。
まず，$a=2R\sin A$ ……① であることを示す。
(i) A が鋭角のとき，
点 B を通る直径を BD とすると，円周角の定理から
$\angle$BAC$=\angle$BDC, $\angle$BCD$=90°$
$\triangle$BCD で $a=2R\sin\angle$BDC
ゆえに $a=2R\sin\angle$BAC
(ii) A が直角のとき，
$a=2R$, $\angle$BAC$=90°$ より
$a=2R\sin\angle$BAC
(iii) A が鈍角のとき，
点 B を通る直径を BD とすると，$\angle$BCD$=90°$
四角形 ABDC は円に内接するから
$\angle$BAC$+\angle$BDC$=180°$
$\triangle$BCD で $a=2R\sin\angle$BDC
$=2R\sin(180°-\angle$BAC$)$
$=2R\sin\angle$BAC
(i), (ii), (iii)より $a=2R\sin\angle$BAC$=2R\sin A$
同様に，$b=2R\sin B$ ……②, $c=2R\sin C$ ……③ が成り立つ。
①, ②, ③より $\dfrac{a}{\sin A}=\dfrac{b}{\sin B}=\dfrac{c}{\sin C}=2R$ ■

[参考] ①, ②, ③より $a:b:c=2R\sin A:2R\sin B:2R\sin C$ から
$a:b:c=\sin A:\sin B:\sin C$ が成り立つ。
これは，$\triangle$ABC で，3辺の長さの比が対角の正弦の比と等しいことを表している。

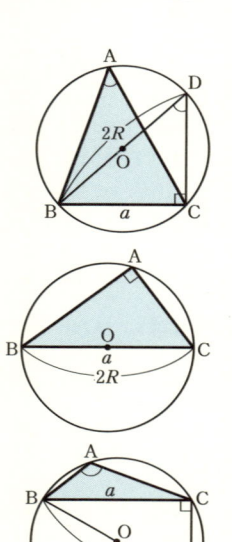

三角形の1辺の長さと2つの角の大きさが与えられたとき，正弦定理を利用して，残りの辺の長さを求めることができる。

例 △ABC において，$a=8$，$B=45°$，$C=105°$ のとき，b を求めてみる。

$A+B+C=180°$ であるから，$A=180°-45°-105°=30°$

正弦定理 $\dfrac{a}{\sin A}=\dfrac{b}{\sin B}$ より

$$\dfrac{8}{\sin 30°}=\dfrac{b}{\sin 45°}$$

ゆえに $b=\dfrac{8}{\sin 30°}\cdot \sin 45°$

$=8\div \dfrac{1}{2}\times \dfrac{1}{\sqrt{2}}=8\sqrt{2}$

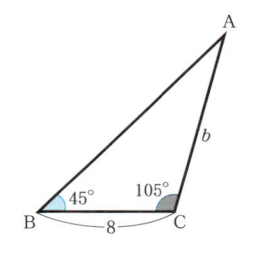

問11 △ABC において，次の問いに答えよ。
(1) $\sin A : \sin B : \sin C = 4 : 5 : 6$ のとき，$a:b:c$ を求めよ。
(2) $A=75°$，$B=60°$，$c=6$ のとき，b を求めよ。
(3) $\sin^2 A + \sin^2 B = \sin^2 C$ が成り立つとき，C を求めよ。

三角形の1辺の長さとその対角の大きさが与えられたとき，正弦定理を利用して，その三角形の外接円の半径を求めることができる。

例 △ABC において，$a=10$，$A=60°$ のとき，△ABC の外接円の半径 R を求めてみる。

正弦定理より $\dfrac{a}{\sin A}=2R$ であるから $\dfrac{10}{\sin 60°}=2R$

ゆえに $R=\dfrac{10}{2\sin 60°}$

$=5\div \dfrac{\sqrt{3}}{2}=\dfrac{10\sqrt{3}}{3}$

問12 △ABC において，外接円の半径を R とする。次の問いに答えよ。
(1) $a=2$，$B=80°$，$C=40°$ のとき，R を求めよ。
(2) $a=R$ のとき，A を求めよ。

問13 ★ 右の図のように，鋭角三角形 ABC の頂点 C から辺 AB に垂線 CH をひく。このとき，$\dfrac{a}{\sin A}=\dfrac{b}{\sin B}$ であることを証明せよ。

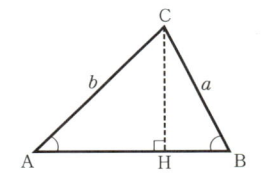

2 余弦定理

三角形の3辺と1つの角について，次の**余弦定理**が成り立つ。

●**余弦定理**

$a^2 = b^2 + c^2 - 2bc \cos A$
$b^2 = c^2 + a^2 - 2ca \cos B$
$c^2 = a^2 + b^2 - 2ab \cos C$

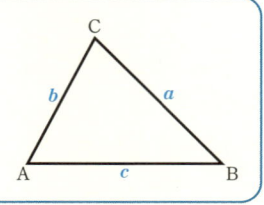

証明　△ABC で，頂点 C から辺 AB，またはその延長に垂線 CH をひく。

(i) A が鋭角のとき
　　$CH = b \sin A$
　　$AH = b \cos A$
　　B が鋭角または直角のとき
　　$BH = AB - AH = c - b \cos A$
　　B が鈍角のとき
　　$BH = AH - AB = b \cos A - c$

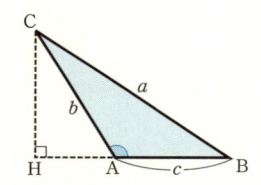

$B = 90°$ のとき B と H が一致する

(ii) A が鈍角のとき
　　$CH = b \sin A$
　　$AH = b \cos(180° - A) = -b \cos A$
　　$BH = AB + AH = c - b \cos A$

(i), (ii)のとき，△BCH について
三平方の定理より　$BC^2 = CH^2 + BH^2$ であるから
$$a^2 = (b \sin A)^2 + (c - b \cos A)^2 = b^2 \sin^2 A + c^2 - 2bc \cos A + b^2 \cos^2 A$$
$$= b^2(\sin^2 A + \cos^2 A) + c^2 - 2bc \cos A = b^2 + c^2 - 2bc \cos A$$

また，A が直角のとき，$a^2 = b^2 + c^2$，$\cos A = 0$ より成り立つ。
ゆえに　$a^2 = b^2 + c^2 - 2bc \cos A$
b^2，c^2 についても同様に，$b^2 = c^2 + a^2 - 2ca \cos B$，$c^2 = a^2 + b^2 - 2ab \cos C$

三角形の2辺の長さとそれらにはさまれる角が与えられたとき，余弦定理を利用して，残りの辺の長さを求めることができる。

例　△ABC において，$b = 4$，$c = 5$，$A = 60°$ のとき，a を求めてみる。
$$a^2 = b^2 + c^2 - 2bc \cos A = 4^2 + 5^2 - 2 \cdot 4 \cdot 5 \cdot \cos 60°$$
$$= 16 + 25 - 2 \cdot 4 \cdot 5 \cdot \frac{1}{2} = 21$$
$a > 0$ より　$a = \sqrt{21}$

問14 △ABC において，次の問いに答えよ。
(1) $a=2\sqrt{2}$, $c=5$, $B=45°$ のとき，b を求めよ。
(2) $a=5$, $b=2\sqrt{3}$, $C=150°$ のとき，c を求めよ。

余弦定理を変形して，次の等式が得られる。
$$\cos A = \frac{b^2+c^2-a^2}{2bc}, \quad \cos B = \frac{c^2+a^2-b^2}{2ca}, \quad \cos C = \frac{a^2+b^2-c^2}{2ab}$$
この等式を利用すると，三角形の 3 辺の長さから角の大きさを求めることができる。

例 △ABC において，$a=\sqrt{7}$, $b=\sqrt{3}$, $c=1$ のとき，A を求めてみる。
$$\cos A = \frac{b^2+c^2-a^2}{2bc} = \frac{(\sqrt{3})^2+1^2-(\sqrt{7})^2}{2\cdot\sqrt{3}\cdot 1} = -\frac{\sqrt{3}}{2}$$
ゆえに $A=150°$

問15 △ABC において，次の問いに答えよ。
(1) $a=3$, $b=\sqrt{7}$, $c=2$ のとき，B を求めよ。
(2) $a=2\sqrt{2}$, $b=6$, $c=2\sqrt{5}$ のとき，C を求めよ。

△ABC において，
　A が鋭角（$A<90°$）のとき　$\cos A > 0$
　A が直角（$A=90°$）のとき　$\cos A = 0$
　A が鈍角（$A>90°$）のとき　$\cos A < 0$　が成り立つ。

$\cos A = \dfrac{b^2+c^2-a^2}{2bc}$, $bc>0$ であるから，$\cos A$ と $b^2+c^2-a^2$ の値の符号は一致するので，次のことが成り立つ。

　　A が鋭角 $\iff b^2+c^2 > a^2$
　　A が直角 $\iff b^2+c^2 = a^2$
　　A が鈍角 $\iff b^2+c^2 < a^2$

このことより，三角形の 3 辺の長さから，その三角形が鋭角三角形，直角三角形，鈍角三角形のいずれであるかがわかる。

例 △ABC において，$a=7$, $b=6$, $c=3$ であるとき，三角形の辺と角の大小関係から，A が最大角である。
$$b^2+c^2-a^2 = 6^2+3^2-7^2 = -4$$
よって，$b^2+c^2 < a^2$ であるから，A は鈍角である。
ゆえに，△ABC は鈍角三角形である。

問16 △ABC において，$a=5$，$b=8$，$c=9$ のとき，△ABC は鋭角三角形，直角三角形，鈍角三角形のいずれであるか。

> **例題4　余弦定理の利用**
> △ABC において，$b=\sqrt{39}$，$c=7$，$B=60°$ のとき，a を求めよ。

解説　2辺は与えられているが，そのはさまれる角がわからないので，今までの例の方法では求めることができない。余弦定理 $b^2=c^2+a^2-2ca\cos B$ を利用し，a についての2次方程式をつくる。

解答　余弦定理 $b^2=c^2+a^2-2ca\cos B$ より
$$(\sqrt{39})^2=7^2+a^2-2\cdot 7\cdot a\cos 60°$$
a について整理すると
$$a^2-7a+10=0$$
$$(a-2)(a-5)=0$$
$a>0$ より　$a=2, 5$

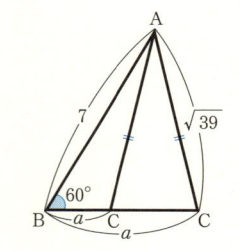

問17　△ABC において，$a=2\sqrt{2}$，$c=3$，$C=135°$ のとき，b を求めよ。

参考　△ABC について，次の等式が成り立つ。

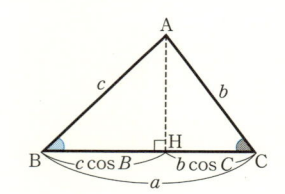

> ● **第1余弦定理**
> $a=c\cos B+b\cos C$
> $b=a\cos C+c\cos A$
> $c=b\cos A+a\cos B$

これを第1余弦定理といい，p.74 の余弦定理をこれと区別して第2余弦定理ということもある。
例題4は，第1余弦定理を利用して，次のように考えることもできる。

正弦定理より　$\dfrac{\sqrt{39}}{\sin 60°}=\dfrac{7}{\sin C}$　　よって　$\sin C=\dfrac{7\sqrt{13}}{26}$　　このとき　$\cos C=\pm\dfrac{\sqrt{39}}{26}$

$\cos C=\dfrac{\sqrt{39}}{26}$ のとき　$a=c\cos B+b\cos C=7\times\dfrac{1}{2}+\sqrt{39}\times\dfrac{\sqrt{39}}{26}=\dfrac{7}{2}+\dfrac{3}{2}=5$

$\cos C=-\dfrac{\sqrt{39}}{26}$ のとき　$a=c\cos B+b\cos C=7\times\dfrac{1}{2}+\sqrt{39}\times\left(-\dfrac{\sqrt{39}}{26}\right)=\dfrac{7}{2}-\dfrac{3}{2}=2$

問18 ★　△ABC の頂点 A から直線 BC に垂線 AH をひく。点 H が次の位置にある場合に，$a=c\cos B+b\cos C$ が成り立つことを証明せよ。
　(i)　辺 BC 上（頂点 B，C を除く）　(ii)　辺 BC の延長上　(iii)　辺 CB の延長上

3 三角形を解く

三角形の3つの辺と3つの角を，三角形の6要素という。6要素のうちのいずれか3要素が与えられたとき，残りの3要素を求めることを，三角形を解くということがある。

三角形の3要素の選び方には，次の6通りがある。

① 2角とその夾辺　　② 2角とそのどちらか一方に対する辺
③ 2辺とその夾角　　④ 2辺とそのどちらか一方に対する角
⑤ 3辺　　　　　　　⑥ 3角

これらのうち，⑥の場合は辺の長さが1つも与えられないので，辺の長さはどれも求められない。①，②は，2角が与えられた場合，残りの角は三角形の内角の和が$180°$であることからすぐに求められるので，同一の場合として考える。

以上より，次の4つの場合に整理し，それらの一般的な求め方の手順を次の例題で学習する。

(1) 2角と1辺（①，②）について（2角とaから，b，cを求める）　　…例題5
(2) 2辺と夾角（③）について（b，c，Aから，a，B，Cを求める）　　…例題6
(3) 2辺と1対角（④）について（b，c，Bから，a，A，Cを求める）　　…例題8
(4) 3辺（⑤）について（a，b，cから，A，B，Cを求める）　　…例題7

例題5　2角と1辺

△ABCにおいて，$a=2$，$B=105°$，$C=30°$のとき，b，c，Aを求めよ。

[解説]　まず，Aを求め，正弦定理でcを求める。△ABCは鈍角三角形である。

[解答]　$A=180°-B-C=180°-105°-30°=45°$

正弦定理 $\dfrac{a}{\sin A}=\dfrac{c}{\sin C}$ より　$\dfrac{2}{\sin 45°}=\dfrac{c}{\sin 30°}$

$c=2\div\dfrac{1}{\sqrt{2}}\times\dfrac{1}{2}=\sqrt{2}$

余弦定理 $c^2=a^2+b^2-2ab\cos C$ より

$(\sqrt{2})^2=2^2+b^2-2\cdot 2\cdot b\cos 30°$

bについて整理すると　$b^2-2\sqrt{3}\,b+2=0$

よって　$b=\sqrt{3}\pm 1$

$B>90°$よりbは最大辺であるから　$b>2$　　ゆえに　$b=\sqrt{3}+1$

問19　△ABCにおいて，$b=\sqrt{6}$，$A=45°$，$C=75°$のとき，c，a，Bを求めよ。

例題6　2辺と夾角

$\triangle ABC$ において，$b=2$, $c=\sqrt{3}-1$, $A=120°$ のとき，a, B, C を求めよ。

[解説]　まず，余弦定理で a を求め，つぎに正弦定理で B を求める。

[解答]　余弦定理 $a^2=b^2+c^2-2bc\cos A$ より

$$a^2=2^2+(\sqrt{3}-1)^2-2\cdot 2\cdot(\sqrt{3}-1)\cos 120°$$
$$=4+(4-2\sqrt{3})+2(\sqrt{3}-1)=6$$

$a>0$ より　$a=\sqrt{6}$

正弦定理 $\dfrac{a}{\sin A}=\dfrac{b}{\sin B}$ より　$\dfrac{\sqrt{6}}{\sin 120°}=\dfrac{2}{\sin B}$

$\sin B=\dfrac{2}{\sqrt{6}}\times\dfrac{\sqrt{3}}{2}=\dfrac{1}{\sqrt{2}}$　　$0°<B<60°$ より　$B=45°$

ゆえに　$C=180°-A-B=180°-120°-45°=15°$

問20　$\triangle ABC$ において，$c=1$, $a=1$, $B=45°$ のとき，b, A, C を求めよ。

例題7　3辺

$\triangle ABC$ において，$a=2$, $b=\sqrt{6}$, $c=1+\sqrt{3}$ のとき，A, B, C を求めよ。

[解説]　余弦定理を利用して角を求める。

[解答]　余弦定理より

$$\cos A=\frac{b^2+c^2-a^2}{2bc}=\frac{(\sqrt{6})^2+(1+\sqrt{3})^2-2^2}{2\cdot\sqrt{6}(1+\sqrt{3})}=\frac{2\sqrt{3}(1+\sqrt{3})}{2\sqrt{6}(1+\sqrt{3})}=\frac{1}{\sqrt{2}}$$

よって　$A=45°$

余弦定理より

$$\cos B=\frac{c^2+a^2-b^2}{2ca}=\frac{(1+\sqrt{3})^2+2^2-(\sqrt{6})^2}{2(1+\sqrt{3})\cdot 2}=\frac{2(1+\sqrt{3})}{4(1+\sqrt{3})}=\frac{1}{2}$$

よって　$B=60°$

ゆえに　$C=180°-A-B=180°-45°-60°=75°$

[参考]　$A=45°$ を求めてから，正弦定理 $\dfrac{2}{\sin 45°}=\dfrac{\sqrt{6}}{\sin B}$ より $B=60°$, $120°$

C が最大角であるから $B=120°$ は不適，として求めてもよい。

[注意]　はじめに C を求めようとすると，うまくいかない。このような場合は，残りの角について再度計算してみるとよい。

問21　$\triangle ABC$ において，$a=2$, $b=\sqrt{2}$, $c=1+\sqrt{3}$ のとき，A, B, C を求めよ。

例題8　2辺と1対角

△ABC において，$b=2\sqrt{3}$，$c=3\sqrt{2}$，$B=45°$ のとき，a，A，C を求めよ。

[解説]　まず正弦定理から C を求める方法と，まず余弦定理から a を求める方法が考えられる。

[解答]　正弦定理 $\dfrac{b}{\sin B}=\dfrac{c}{\sin C}$ より　$\dfrac{2\sqrt{3}}{\sin 45°}=\dfrac{3\sqrt{2}}{\sin C}$

$\sin C=3\sqrt{2}\div 2\sqrt{3}\times \dfrac{1}{\sqrt{2}}=\dfrac{\sqrt{3}}{2}$　　$0°<C<135°$ より　$C=60°$，$120°$

$C=60°$ のとき　$A=180°-B-C=180°-45°-60°=75°$

余弦定理 $c^2=a^2+b^2-2ab\cos C$ より

$\qquad (3\sqrt{2})^2=a^2+(2\sqrt{3})^2-2a\cdot 2\sqrt{3}\cos 60°$

a について整理すると　$a^2-2\sqrt{3}a-6=0$

これを解くと　$a=\sqrt{3}\pm 3$　　$a>0$ より　$a=3+\sqrt{3}$

$C=120°$ のとき　$A=180°-B-C=180°-45°-120°=15°$

同様に，余弦定理より　$a^2+2\sqrt{3}a-6=0$

これを解くと　$a=-\sqrt{3}\pm 3$　　$a>0$ より　$a=3-\sqrt{3}$

ゆえに　$a=3+\sqrt{3}$，$A=75°$，$C=60°$

または　$a=3-\sqrt{3}$，$A=15°$，$C=120°$

[別解]　余弦定理 $b^2=c^2+a^2-2ca\cos B$ より

$\qquad (2\sqrt{3})^2=(3\sqrt{2})^2+a^2-2\cdot 3\sqrt{2}\cdot a\cos 45°$

a について整理すると　$a^2-6a+6=0$

これを解くと　$a=3\pm\sqrt{3}$

$a=3+\sqrt{3}$ のとき　$\cos C=\dfrac{a^2+b^2-c^2}{2ab}=\dfrac{(3+\sqrt{3})^2+(2\sqrt{3})^2-(3\sqrt{2})^2}{2(3+\sqrt{3})\cdot 2\sqrt{3}}$

$\qquad\qquad\qquad\qquad =\dfrac{6+6\sqrt{3}}{4\sqrt{3}(3+\sqrt{3})}=\dfrac{3(\sqrt{3}+1)}{6(\sqrt{3}+1)}=\dfrac{1}{2}$

よって　$C=60°$　　このとき　$A=180°-B-C=180°-45°-60°=75°$

$a=3-\sqrt{3}$ のとき同様に　$\cos C=\dfrac{(3-\sqrt{3})^2+(2\sqrt{3})^2-(3\sqrt{2})^2}{2(3-\sqrt{3})\cdot 2\sqrt{3}}$

$\qquad\qquad\qquad\qquad =\dfrac{6-6\sqrt{3}}{4\sqrt{3}(3-\sqrt{3})}=-\dfrac{3(\sqrt{3}-1)}{6(\sqrt{3}-1)}=-\dfrac{1}{2}$

よって　$C=120°$　　このとき　$A=180°-B-C=180°-45°-120°=15°$

問22　△ABC において，$a=3\sqrt{2}$，$b=6$，$A=30°$ のとき，c，B，C を求めよ。

正弦定理，余弦定理を利用する応用問題もここで扱う。

例題9　等式の証明

△ABC において，等式 $\dfrac{a-c\cos B}{b-c\cos A}=\dfrac{\sin B}{\sin A}$ が成り立つことを証明せよ。

[解説] 左辺，右辺を別々に変形して，その結果が等しいことを示す。

[証明] 余弦定理より (左辺) $=\dfrac{a-c\cos B}{b-c\cos A}=\left(a-c\cdot\dfrac{c^2+a^2-b^2}{2ca}\right)\div\left(b-c\cdot\dfrac{b^2+c^2-a^2}{2bc}\right)$

$=\dfrac{a^2+b^2-c^2}{2a}\times\dfrac{2b}{b^2+a^2-c^2}=\dfrac{b}{a}$

正弦定理 $\dfrac{a}{\sin A}=\dfrac{b}{\sin B}$ より　(右辺) $=\dfrac{\sin B}{\sin A}=\dfrac{b}{a}$

よって (左辺)＝(右辺) から　$\dfrac{a-c\cos B}{b-c\cos A}=\dfrac{\sin B}{\sin A}$

問23 △ABC において，次の等式が成り立つことを証明せよ。

$$\dfrac{b\cos C-c\cos B}{b-c}=\dfrac{\sin B+\sin C}{\sin A}$$

例題10　三角形の形状

次の等式が成り立つとき，△ABC はどのような形か。
$\sin A=2\cos B\sin C$

[解説] 正弦定理や余弦定理を利用して，等式を三角形の辺の関係式にする。
また，△ABC の形は，二等辺三角形，直角三角形とだけ答えるのではなく，AB＝BC の二等辺三角形，AB を斜辺とする直角三角形のように，辺や角の条件を書き加える。

[解答] △ABC の外接円の半径を R とする。正弦定理，余弦定理より

$\sin A=\dfrac{a}{2R}$,　$\sin C=\dfrac{c}{2R}$,　$\cos B=\dfrac{c^2+a^2-b^2}{2ca}$

これらを与えられた等式に代入すると

$\dfrac{a}{2R}=2\cdot\dfrac{c^2+a^2-b^2}{2ca}\cdot\dfrac{c}{2R}$

両辺に $2aR$ を掛けて整理すると　$b^2=c^2$
$b>0$，$c>0$ より　$b=c$
ゆえに，△ABC は AB＝AC の二等辺三角形

問24 次の等式が成り立つとき，△ABC はどのような形か。
(1)　$a\sin A=b\sin B$　　(2)　$a\cos A=b\cos B$　　(3)　$\tan A=\tan B$

4 三角形の面積

△ABC の面積を，2 辺とはさまれる角によって表してみる。

右の図のように，頂点 C から辺 AB，またはその延長に垂線 CH をひくと

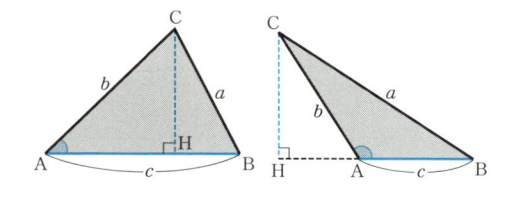

$$CH = b \sin A$$

よって　$\triangle ABC = \dfrac{1}{2} AB \cdot CH = \dfrac{1}{2} bc \sin A$

他の 2 辺とはさまれる角についても，同様に次の公式が得られる。

●三角形の面積

$$\triangle ABC = \dfrac{1}{2} bc \sin A = \dfrac{1}{2} ca \sin B = \dfrac{1}{2} ab \sin C$$

例　△ABC において，$b=12$，$c=7$，$A=60°$ のとき，面積は次のように求めることができる。

$$\triangle ABC = \dfrac{1}{2} bc \sin A = \dfrac{1}{2} \cdot 12 \cdot 7 \cdot \sin 60° = 21\sqrt{3}$$

三角形の 3 辺が与えられた場合は，次のように面積を求めることができる。

例題11　三角形の面積

△ABC において，$a=\sqrt{22}$，$b=3$，$c=4$ のとき，その面積を求めよ。

[解説]　余弦定理により $\cos A$ を求め，その値から $\sin A$ の値を求める。

そして，三角形の面積の公式 $\triangle ABC = \dfrac{1}{2} bc \sin A$ を利用する。

[解答]　余弦定理より　$\cos A = \dfrac{b^2+c^2-a^2}{2bc} = \dfrac{3^2+4^2-(\sqrt{22})^2}{2\cdot 3 \cdot 4} = \dfrac{1}{8}$

よって　$\sin A = \sqrt{1-\cos^2 A} = \sqrt{1-\left(\dfrac{1}{8}\right)^2} = \dfrac{3\sqrt{7}}{8}$

ゆえに　$\triangle ABC = \dfrac{1}{2} bc \sin A = \dfrac{1}{2} \cdot 3 \cdot 4 \cdot \dfrac{3\sqrt{7}}{8} = \dfrac{9\sqrt{7}}{4}$

問25　次の △ABC の面積を求めよ。

(1)　$a=\sqrt{6}$，$b=6\sqrt{3}$，$C=135°$

(2)　$a=6$，$b=7$，$c=3\sqrt{11}$

三角形の3辺が与えられ，それらが整数などの場合には，次の**ヘロンの公式**を利用すると，面積をらくに求めることができる。

●ヘロンの公式

$$\triangle ABC = \sqrt{s(s-a)(s-b)(s-c)} \qquad \text{ただし，} s = \frac{a+b+c}{2}$$

[証明] $S = \triangle ABC$ とおく。$2S = bc \sin A$ とし，この両辺を2乗すると
$$4S^2 = b^2 c^2 \sin^2 A = b^2 c^2 (1 - \cos^2 A) = b^2 c^2 (1 + \cos A)(1 - \cos A)$$
余弦定理より
$$1 + \cos A = 1 + \frac{b^2 + c^2 - a^2}{2bc} = \frac{(b+c)^2 - a^2}{2bc} = \frac{(b+c+a)(b+c-a)}{2bc}$$
$$1 - \cos A = 1 - \frac{b^2 + c^2 - a^2}{2bc} = \frac{a^2 - (b-c)^2}{2bc} = \frac{(a+b-c)(a-b+c)}{2bc}$$
ここで，$a+b+c = 2s$ とおくと，
$$1 + \cos A = \frac{2s(s-a)}{bc}, \quad 1 - \cos A = \frac{2(s-c)(s-b)}{bc}$$
よって $4S^2 = 4s(s-a)(s-b)(s-c)$
ゆえに $S = \sqrt{s(s-a)(s-b)(s-c)}$

例 $\triangle ABC$ において，$a=6$，$b=7$，$c=9$ のとき，その面積を求める。
$$s = \frac{a+b+c}{2} = \frac{6+7+9}{2} = 11 \text{ であるから，ヘロンの公式より}$$
$$\triangle ABC = \sqrt{11(11-6)(11-7)(11-9)} = \sqrt{11 \cdot 5 \cdot 4 \cdot 2} = 2\sqrt{110}$$

三角形の内接円の半径と面積の関係を調べてみる。
$\triangle ABC$ の内心を I，内接円の半径を r とすると
$$\triangle ABC = \triangle IBC + \triangle ICA + \triangle IAB$$
$$= \frac{1}{2}ar + \frac{1}{2}br + \frac{1}{2}cr = \frac{1}{2}r(a+b+c)$$
ゆえに $\triangle ABC = \dfrac{1}{2} r(a+b+c)$

$\left(s = \dfrac{a+b+c}{2} \text{ とおくと } \triangle ABC = rs \right)$

上の例で，$\triangle ABC = 2\sqrt{110}$，$s = 11$ より $r = \dfrac{2\sqrt{110}}{11}$ となる。

問26 $\triangle ABC$ で，$a=5$，$b=7$，$c=8$ のとき，その面積 S と内接円の半径 r を求めよ。

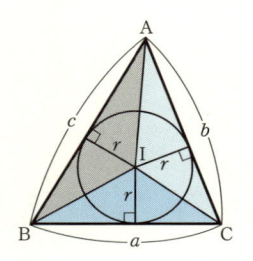

問27 右の図のように，△ABC の ∠A の内部にある傍心を I_A，傍接円の半径を r_a とするとき

$$\triangle ABC = (s-a)r_a \quad \text{ただし，} s = \frac{a+b+c}{2}$$

が成り立つことを証明せよ。

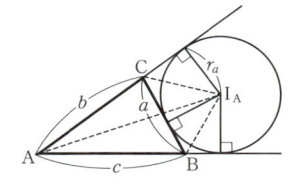

四角形は対角線で 2 つの三角形に分けることで，面積を求めることができる。

例 AB＝3, BC＝4, ∠B＝60° の平行四辺形 ABCD の面積 S は

$$S = \triangle ABC + \triangle CDA = 2\triangle ABC$$
$$= 2 \cdot \frac{1}{2} AB \cdot BC \sin B = 2 \cdot \frac{1}{2} \cdot 3 \cdot 4 \sin 60° = 6\sqrt{3}$$

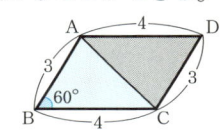

例題12　四角形の面積

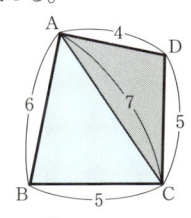

次のような四角形 ABCD の面積を求めよ。
(1) AB＝6, BC＝5, CD＝5, DA＝4, AC＝7
(2) AB＝5, BC＝3, CD＝6, DA＝7, ∠B＝120°

[解説] 対角線で 2 つの三角形に分けて，それぞれの三角形の面積を求める。

[解答] (1) △ABC で，ヘロンの公式より

$$s = \frac{6+5+7}{2} = 9 \text{ から}$$

$$\triangle ABC = \sqrt{9(9-6)(9-5)(9-7)} = 6\sqrt{6}$$

△CDA で同様に，ヘロンの公式より

$$\triangle CDA = \sqrt{8(8-5)(8-4)(8-7)} = 4\sqrt{6}$$

ゆえに　(四角形 ABCD) ＝ △ABC ＋ △CDA ＝ $6\sqrt{6} + 4\sqrt{6} = 10\sqrt{6}$

(2) △ABC で，余弦定理より

$$AC^2 = AB^2 + BC^2 - 2AB \cdot BC \cos B$$
$$= 5^2 + 3^2 - 2 \cdot 5 \cdot 3 \cos 120° = 49$$

AC＞0 より　AC＝7

$$\triangle ABC = \frac{1}{2} AB \cdot BC \sin B = \frac{1}{2} \cdot 5 \cdot 3 \sin 120° = \frac{15\sqrt{3}}{4}$$

△CDA で，ヘロンの公式より

$$\triangle CDA = \sqrt{10(10-7)(10-7)(10-6)} = 6\sqrt{10}$$

ゆえに　(四角形 ABCD) ＝ △ABC ＋ △CDA ＝ $\dfrac{15\sqrt{3}}{4} + 6\sqrt{10}$

問28 次のような四角形 ABCD の面積を求めよ。
(1) 平行四辺形で，AB＝3，BC＝5，BD＝6
(2) AB＝BC＝6，CD＝5，∠B＝120°，∠C＝75°
(3) AD∥BC の台形で，AB＝3，BC＝5，AC＝7，DA＝2

円に内接する四角形の面積を求めてみる。

> **例題13** 円に内接する四角形の面積
> 円に内接する四角形 ABCD で，AB＝6，BC＝6，CD＝7，DA＝4 である。このとき，次の問いに答えよ。
> (1) $\cos A$，$\sin A$ の値を求めよ。 (2) 四角形 ABCD の面積を求めよ。

解説 円に内接する四角形の内対角の和は 180° であることに着目する。また，△ABD，△BCD のそれぞれで余弦定理を利用し，BD^2 を2通りに表す。

解答 (1) 四角形 ABCD は円に内接するから $C＝180°－A$

△ABD で，余弦定理より
$$BD^2＝6^2＋4^2－2\cdot 6\cdot 4\cos A$$
$$＝52－48\cos A \quad \cdots\cdots ①$$

△BCD で，余弦定理より
$$BD^2＝6^2＋7^2－2\cdot 6\cdot 7\cos(180°－A)$$
$$＝85＋84\cos A \quad \cdots\cdots ②$$

①，②より $52－48\cos A＝85＋84\cos A$

ゆえに $\cos A＝-\dfrac{1}{4}$，$\sin A＝\sqrt{1-\cos^2 A}＝\dfrac{\sqrt{15}}{4}$

(2) （四角形 ABCD）＝△ABD＋△BCD
$$＝\dfrac{1}{2}AB\cdot AD\sin A＋\dfrac{1}{2}BC\cdot CD\sin(180°－A)$$
$$＝\dfrac{1}{2}\cdot 6\cdot 4\cdot\dfrac{\sqrt{15}}{4}＋\dfrac{1}{2}\cdot 6\cdot 7\cdot\dfrac{\sqrt{15}}{4}＝\dfrac{33\sqrt{15}}{4}$$

参考 $\cos A＝-\dfrac{1}{4}$ を①に代入して BD＝8 を求めて，ヘロンの公式から △ABD，△BCD の面積を求めることもできる。

問29 円に内接する四角形 ABCD で，AB＝3，BC＝2，DA＝3，∠ABC＝120° である。このとき，次の値を求めよ。
(1) 対角線 AC の長さ (2) 辺 CD の長さ
(3) 四角形 ABCD の面積

研究　ブラーマグプタの公式

円に内接する四角形の 4 辺から面積を求める公式として，次の**ブラーマグプタの公式**を紹介する。ブラーマグプタはインドの数学者で，p.60 の演習問題 2 はブラーマグプタの定理と呼ばれている。

●ブラーマグプタの公式

円に内接する四角形の 4 辺を a, b, c, d とし，面積を S とすると，

$$S=\sqrt{(s-a)(s-b)(s-c)(s-d)} \qquad \text{ただし，} s=\frac{a+b+c+d}{2}$$

[証明]　円に内接する四角形 ABCD で，AB=a，BC=b，CD=c，DA=d とする。円に内接することから　$C=180°-A$

$S=\triangle \text{ABD}+\triangle \text{BCD}=\dfrac{1}{2}ad\sin A+\dfrac{1}{2}bc\sin(180°-A)$

$=\dfrac{1}{2}ad\sin A+\dfrac{1}{2}bc\sin A=\dfrac{1}{2}(ad+bc)\sin A$　……①

△ABD で，余弦定理より
$BD^2=a^2+d^2-2ad\cos A$　……②

△BCD で，余弦定理より
$BD^2=b^2+c^2-2bc\cos(180°-A)=b^2+c^2+2bc\cos A$　……③

②，③より　$a^2+d^2-2ad\cos A=b^2+c^2+2bc\cos A$

よって　$\cos A=\dfrac{a^2+d^2-b^2-c^2}{2(ad+bc)}$

$\sin^2 A=1-\cos^2 A=(1+\cos A)(1-\cos A)$

$=\dfrac{(a+d)^2-(b-c)^2}{2(ad+bc)}\cdot\dfrac{(b+c)^2-(a-d)^2}{2(ad+bc)}$

$=\dfrac{(a+d+b-c)(a+d-b+c)(b+c+a-d)(b+c-a+d)}{4(ad+bc)^2}$

$=\dfrac{4(s-c)(s-b)(s-d)(s-a)}{(ad+bc)^2}$

ゆえに　$\sin A=\dfrac{2\sqrt{(s-a)(s-b)(s-c)(s-d)}}{ad+bc}$

これを①に代入して　$S=\sqrt{(s-a)(s-b)(s-c)(s-d)}$

参考　この公式は，解答には利用せず，検算などに使うとよい。例題 13 で，この公式を利用すると，$a=6$, $b=6$, $c=7$, $d=4$ より $s=\dfrac{6+6+7+4}{2}=\dfrac{23}{2}$ から

$$S=\sqrt{\left(\dfrac{23}{2}-6\right)\left(\dfrac{23}{2}-6\right)\left(\dfrac{23}{2}-7\right)\left(\dfrac{23}{2}-4\right)}=\dfrac{33\sqrt{15}}{4}$$

5 空間図形の計量

空間図形の計量においても，この節で学んだことがらを利用することができる。

例題14 空間図形における三角形

1辺の長さが5の正四面体OABCにおいて，辺OBを2:3に内分する点をP，辺OCを1:4に内分する点をQとする。∠APQ=θ とするとき，次の問いに答えよ。
(1) $\cos\theta$ の値を求めよ。　　(2) △APQの面積を求めよ。

解説 (1) △APQの3辺の長さを求め，余弦定理を利用して $\cos\theta$ を求める。
(2) $\sin\theta$ を求め，2辺とはさまれる角の面積の公式を利用して面積を求める。

解答 (1) △OAPで，余弦定理より
$AP^2 = OA^2 + OP^2 - 2OA \cdot OP \cos\angle AOP$
$= 5^2 + 2^2 - 2 \cdot 5 \cdot 2 \cos 60° = 19$
$AP>0$ より $AP=\sqrt{19}$
△OAQで，余弦定理より
$AQ^2 = OA^2 + OQ^2 - 2OA \cdot OQ \cos\angle AOQ$
$= 5^2 + 1^2 - 2 \cdot 5 \cdot 1 \cos 60° = 21$
$AQ>0$ より $AQ=\sqrt{21}$
△OPQで，OP=2，OQ=1，∠POQ=60° より $PQ=\sqrt{3}$
△APQで，余弦定理より
$\cos\theta = \dfrac{AP^2+PQ^2-AQ^2}{2AP \cdot PQ} = \dfrac{(\sqrt{19})^2+(\sqrt{3})^2-(\sqrt{21})^2}{2\sqrt{19} \cdot \sqrt{3}} = \dfrac{1}{2\sqrt{57}} = \dfrac{\sqrt{57}}{114}$

(2) $\sin\theta = \sqrt{1-\cos^2\theta} = \sqrt{1-\left(\dfrac{1}{2\sqrt{57}}\right)^2} = \dfrac{\sqrt{227}}{2\sqrt{57}}$

ゆえに △APQ $= \dfrac{1}{2} AP \cdot PQ \sin\theta = \dfrac{1}{2}\sqrt{19} \cdot \sqrt{3} \cdot \dfrac{\sqrt{227}}{2\sqrt{57}} = \dfrac{\sqrt{227}}{4}$

問30 1辺の長さが3の正方形を底面とし，4個の正三角形を側面とする正四角錐OABCDにおいて，辺OAを1:2に内分する点をPとする。∠BPD=θ とするとき，次の問いに答えよ。
(1) $\cos\theta$ の値を求めよ。
(2) △PBDの面積を求めよ。

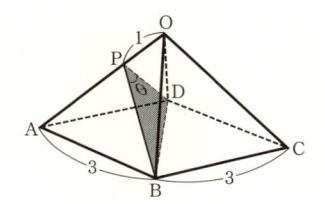

例題15　四面体の体積

四面体 OABC において，AB=6，BC=$2\sqrt{5}$，CA=$4\sqrt{2}$，OA=OB=OC=7 であるとき，この四面体の体積を求めよ。

解説　頂点 O から底面 ABC に垂線 OH をひくと，H は △ABC の外心である。外接円の半径は AH であるから，この値がわかれば OH=$\sqrt{OA^2-AH^2}$ より OH がわかり，(四面体 OABC の体積)=$\frac{1}{3}$△ABC·OH から体積を得る。

解答　△ABC で，余弦定理より

$$\cos A = \frac{CA^2+AB^2-BC^2}{2CA\cdot AB}$$

$$= \frac{(4\sqrt{2})^2+6^2-(2\sqrt{5})^2}{2\cdot 4\sqrt{2}\cdot 6} = \frac{1}{\sqrt{2}}$$

よって　$A=45°$

頂点 O から，底面 ABC に垂線 OH をひく。

OA=OB=OC，∠OHA=∠OHB=∠OHC=90°，OH は共通であるから，

△OAH≡△OBH≡△OCH

よって　AH=BH=CH

ゆえに，H は △ABC の外心である。

正弦定理より　$\frac{BC}{\sin A}=2AH$　よって　$\frac{2\sqrt{5}}{\sin 45°}=2AH$

ゆえに　AH=$\sqrt{5}\div\frac{1}{\sqrt{2}}=\sqrt{10}$

△OAH で，∠OHA=90° より，三平方の定理から

OH=$\sqrt{OA^2-AH^2}=\sqrt{7^2-(\sqrt{10})^2}=\sqrt{39}$

求める四面体の体積を V とすると

$$V=\frac{1}{3}\triangle ABC\cdot OH = \frac{1}{3}\left(\frac{1}{2}AB\cdot CA\sin A\right)\cdot OH$$

$$=\frac{1}{3}\left(\frac{1}{2}\cdot 6\cdot 4\sqrt{2}\sin 45°\right)\cdot\sqrt{39}=4\sqrt{39}$$

問31　四面体 OABC において，BC=6，∠ABC=60°，∠BCA=75°，OA=OB=OC=$5\sqrt{2}$ であるとき，この四面体の体積を求めよ。

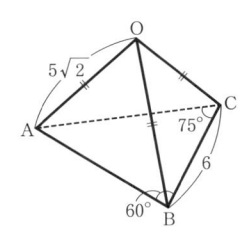

演習問題

9 △ABC において，次のそれぞれの場合に A の大きさを求めよ。
(1) $b=2\sqrt{2}$, $c=\sqrt{6}$, △ABC$=3$
(2) $(b+c):(c+a):(a+b)=4:5:6$

10 △ABC において，$A=45°$，$B=60°$ で，外接円の半径が1であるとき，次のものを求めよ。
(1) 3辺 a, b, c の長さ　　(2) △ABC の面積

11 右の図の四角形 ABCD において，次のものを求めよ。
(1) 線分 AC の長さ
(2) 四角形 ABCD の面積

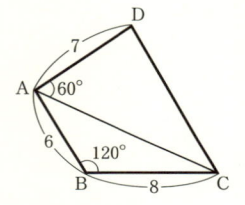

12 AB$=5$，BC$=6$，CA$=7$ である △ABC がある。△ABC の内心を I とし，内接円と辺 AB，BC，CA との接点をそれぞれ P，Q，R とする。次の ☐ にあてはまる数を求めよ。
(1) $\cos\angle\text{ABC}=$ ［ア］ である。
(2) AP$=$AR$=$ ［イ］ である。
(3) PI$=$ ［ウ］ である。
(4) PQ$=$ ［エ］ であり，$\cos\angle\text{PRQ}=$ ［オ］ である。

13 右の図の四角形 ABCD において，AC$=\ell$，BD$=m$ とし，AC と BD のなす角を θ とする。四角形 ABCD の面積 S は
$S=\dfrac{1}{2}\ell m \sin\theta$ と表されることを示せ。

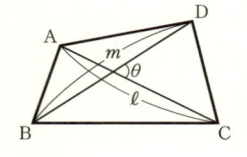

14 △ABC において，次の等式を証明せよ。ただし，R は外接円の半径とする。
(1) △ABC$=\dfrac{abc}{4R}$　　(2) △ABC$=\dfrac{a^2\sin B\sin C}{2\sin(B+C)}$

15 △ABC において，BC$=a$，CA$=6$，AB$=8-a$ とする。
(1) a の値の範囲を求めよ。
(2) △ABC の面積の最大値と，そのときの a の値を求めよ。

16 右の図のように，AD ∥ BC の台形 ABCD がある。AB=6，BC=14，CD=8，DA=7 である。∠CDA=θ とするとき，次の問いに答えよ。 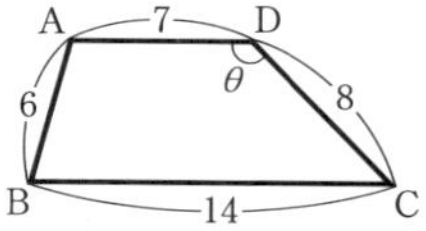
(1) cosθ の値を求めよ。
(2) 線分 AC の長さを求めよ。
(3) 台形 ABCD の面積を求めよ。

17 ** 次の問いに答えよ。 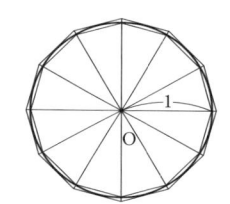
(1) 半径1の円に内接する正十二角形の，面積と1辺の長さを求めよ。
(2) 半径1の円に外接する正十二角形の，面積と1辺の長さを求めよ。

18 正四面体 ABCD において，辺 BC の中点を M とする。∠AMD=α とするとき，cosα の値を求めよ。

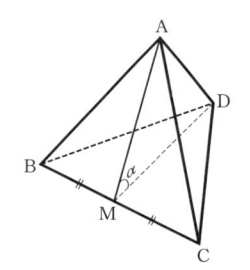

19 三角錐 OABC において，∠OCA=∠OCB=90°，∠OAC=30°，∠OBC=45°，∠ACB=150°，AB=$\sqrt{7}$ のとき，次のものを求めよ。
(1) 辺 OC の長さ 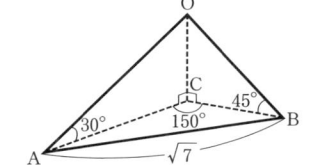
(2) △ABC の面積
(3) △OAB の面積
(4) 点 C から △OAB に下ろした垂線の長さ

20 右の図の直円錐で，底面の半径は3，頂点 O から底面に下ろした垂線の長さ OH は $\sqrt{55}$ である。底面の直径の両端を A，B とし，線分 OB 上に点 P をとる。点 A からこの直円錐の側面を通って点 P に至り，再び A に戻る最短経路の長さを求めよ。

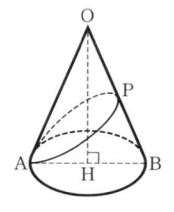

研究　三角比と三角形の性質

ここでは，三角比を利用して，「1章 三角形の性質」について再考察する。

角の二等分線の定理

内角の二等分線の定理は，三角形の面積の公式で，次のように証明できる。

>**●内角の二等分線の定理**
>△ABC の ∠A の二等分線と辺 BC との交点を P とするとき，
>　BP：PC＝AB：AC

[証明]　△ABP と △APC は，底辺をそれぞれ BP，PC とみると高さが同じであるから，その面積比は底辺の比に等しい。
　　よって　△ABP：△APC＝BP：PC ……①
　　また，　△ABP＝$\frac{1}{2}$AB・AP sin∠BAP，
　　　　　　△APC＝$\frac{1}{2}$AP・AC sin∠PAC
　　∠BAP＝∠PAC であるから　△ABP：△APC＝AB：AC ……②
　　①，②より　BP：PC＝AB：AC

上の証明の面積の関係から，角の二等分線 AP の長さを求めることができる。図の △ABC で，∠BAP＝∠PAC＝α，CA＝b，AB＝c，AP＝x とおくと
△ABC＝△ABP＋△APC より　$\frac{1}{2}bc\sin 2\alpha = \frac{1}{2}cx\sin\alpha + \frac{1}{2}bx\sin\alpha$

よって　$x = \dfrac{bc\sin 2\alpha}{(b+c)\sin\alpha}$　……③

ところで，右の図のように，DE＝2，∠DEF＝α，∠EFD＝90° の直角三角形 DEF の斜辺 DE の中点を M とすると，△DMF で，正弦定理より

$$\frac{DF}{\sin\angle DMF} = \frac{MF}{\sin\angle FDM} \text{ から}$$

$$\frac{2\sin\alpha}{\sin 2\alpha} = \frac{1}{\sin(90°-\alpha)}$$

$\sin(90°-\alpha)=\cos\alpha$ であるから　**$\sin 2\alpha = 2\sin\alpha\cos\alpha$**　……④

④を③に代入して　$x = \dfrac{2bc\cos\alpha}{b+c}$　となる。

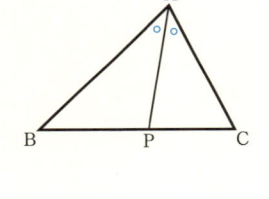

つぎに，三角形の角の二等分線の長さを，**スチュアートの定理**を使って求めてみる。

●スチュアートの定理

△ABC で，辺 BC 上に BP：PC＝$m:n$ となる点 P をとると，
$$n\text{AB}^2 + m\text{AC}^2 = n\text{BP}^2 + m\text{CP}^2 + (m+n)\text{AP}^2$$

[証明] ∠APB＝θ とすると，

△ABP，△APC で，余弦定理より
$$\text{AB}^2 = \text{AP}^2 + \text{PB}^2 - 2\text{AP}\cdot\text{PB}\cos\theta$$
$$\text{AC}^2 = \text{AP}^2 + \text{PC}^2 - 2\text{AP}\cdot\text{PC}\cos(180°-\theta)$$
$$= \text{AP}^2 + \text{PC}^2 + 2\text{AP}\cdot\text{PC}\cos\theta$$

また，BP：PC＝$m:n$ より nBP＝mPC

(左辺)＝$n\text{AB}^2 + m\text{AC}^2$
$$= n(\text{AP}^2+\text{PB}^2-2\text{AP}\cdot\text{PB}\cos\theta) + m(\text{AP}^2+\text{PC}^2+2\text{AP}\cdot\text{PC}\cos\theta)$$
$$= n\text{BP}^2 + m\text{CP}^2 + (m+n)\text{AP}^2 - 2\text{AP}(n\text{BP}-m\text{PC})\cos\theta$$
$$= n\text{BP}^2 + m\text{CP}^2 + (m+n)\text{AP}^2 = (右辺)$$

ゆえに $n\text{AB}^2 + m\text{AC}^2 = n\text{BP}^2 + m\text{CP}^2 + (m+n)\text{AP}^2$

参考 この定理で，$m=n=1$ としたものが**中線定理**である。

●中線定理（パップスの定理）

△ABC で，辺 BC の中点を M とすると，
$$\text{AB}^2 + \text{AC}^2 = 2(\text{AM}^2 + \text{BM}^2)$$

右の図の △ABC で，∠BAP＝∠PAC，CA＝b，AB＝c とする。

角の二等分線の定理より BP：PC＝$c:b$

スチュアートの定理より
$$b\text{AB}^2 + c\text{AC}^2 = b\text{BP}^2 + c\text{CP}^2 + (b+c)\text{AP}^2$$

ここで，AP＝x，BP＝u，PC＝v とする。
$$bc^2 + cb^2 = bu^2 + cv^2 + (b+c)x^2 \quad \cdots\cdots ①$$

ところで，$u:v=c:b$ より $cv=bu$ であるから
$$bu^2 + cv^2 = (bu)u + (cv)v = cuv + buv = uv(b+c)$$

①に代入すると $bc(b+c) = uv(b+c) + (b+c)x^2$

$b+c \neq 0$，$x>0$ であるから
$$bc = uv + x^2$$

ゆえに $\boldsymbol{x = \sqrt{bc-uv}}$

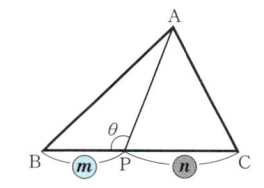

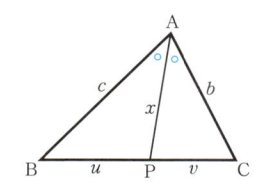

● 三角形の辺と角の大小関係

三角形の成立条件を，第1余弦定理を利用して証明する。

第1余弦定理（p.76 参照） $a = c\cos B + b\cos C$

―●三角形の成立条件―――
△ABC で，
$$b+c>a, \quad c+a>b, \quad a+b>c$$

[証明] $b+c>a$ を証明する。

第1余弦定理より $a = c\cos B + b\cos C$

$b+c-a = b+c-(c\cos B + b\cos C) = b(1-\cos C) + c(1-\cos B)$

$0°<B<180°$，$0°<C<180°$ より $1-\cos B>0$，$1-\cos C>0$

また，$b>0$，$c>0$ であるから $b(1-\cos C) + c(1-\cos B) > 0$

ゆえに $b+c>a$

$c+a>b$，$a+b>c$ も同様に証明できる。

[参考] 正弦定理より，三角形の成立条件 $|b-c|<a<b+c$ は，
$$|\sin B - \sin C| < \sin A < \sin B + \sin C \quad \text{と表される。}$$

三角形の辺と角の大小についての性質を，余弦定理で証明する。

―●三角形の辺と角の大小関係―――
△ABC で，
$$AB > AC \iff \angle C > \angle B$$

[証明] 右の図のように，△ABC の3辺を a，b，c で表す。

$c>b \iff C>B$ を証明する。余弦定理より

$$\cos B - \cos C = \frac{c^2+a^2-b^2}{2ca} - \frac{a^2+b^2-c^2}{2ab}$$

$$= \frac{b(c^2+a^2-b^2) - c(a^2+b^2-c^2)}{2abc}$$

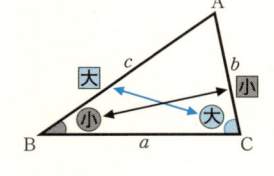

この式の分子は，次のように整理できる。

(分子) $= bc^2 + a^2b - b^3 - a^2c - b^2c + c^3$

$= (c-b)(c^2+cb+b^2) + (c-b)bc - (c-b)a^2$

$= (c-b)\{(c+b)^2 - a^2\} = (c-b)(c+b+a)(c+b-a)$

$2abc>0$，$a+b+c>0$ であり，三角形の成立条件より $b+c>a$ であるから

$$c>b \iff \cos B > \cos C$$

B，C はともに $0°$ より大きく $180°$ 未満の角であるから

$\cos B > \cos C \iff C>B$

ゆえに $c>b \iff C>B$

チェバの定理とメネラウスの定理

三角比を利用して，チェバの定理を証明する。準備として，次のことを証明しておく。

右の図のように，△OAB の辺 AB 上に点 D をとる。

$OA=a$, $OB=b$, $\angle AOD=\alpha$, $\angle BOD=\beta$

とすると

$AD:BD=a\sin\alpha : b\sin\beta$ ……(*)

が成り立つ。

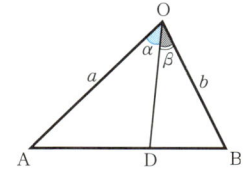

[証明] △AOD と △BOD について，辺 AD, BD を底辺とみると，高さが同じであるから
　　　△AOD : △BOD = AD : BD　　……①

また，$\triangle AOD = \dfrac{1}{2} OA \cdot OD \sin \angle AOD = \dfrac{1}{2} OD \cdot a\sin\alpha$ ……②

　　　$\triangle BOD = \dfrac{1}{2} OB \cdot OD \sin \angle BOD = \dfrac{1}{2} OD \cdot b\sin\beta$ ……③

①，②，③より　$AD:BD = a\sin\alpha : b\sin\beta$

● チェバの定理

△ABC の 3 つの頂点 A, B, C と，三角形の辺上にも延長上にもない点 O とを結ぶ直線が，対辺 BC, CA, AB，またはその延長とそれぞれ点 P, Q, R で交わるとき，

$\dfrac{BP}{PC} \cdot \dfrac{CQ}{QA} \cdot \dfrac{AR}{RB} = 1$　が成り立つ。

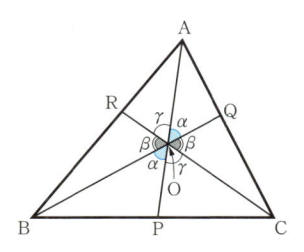

[証明] 右の図のように，点 O が △ABC の内部にある場合を証明する。

　　　$\angle BOP=\alpha$, $\angle COQ=\beta$, $\angle AOR=\gamma$

とおく。対頂角は等しいから

　　　$\angle AOQ=\alpha$, $\angle BOR=\beta$, $\angle COP=\gamma$

△OBC において，(*) から

　　　$BP:CP = OB\sin\alpha : OC\sin\gamma$

△OCA, △OAB においても同様に

　　　$CQ:AQ = OC\sin\beta : OA\sin\alpha$,

　　　$AR:BR = OA\sin\gamma : OB\sin\beta$

よって　$\dfrac{BP}{PC} \cdot \dfrac{CQ}{QA} \cdot \dfrac{AR}{RB} = \dfrac{OB\sin\alpha}{OC\sin\gamma} \cdot \dfrac{OC\sin\beta}{OA\sin\alpha} \cdot \dfrac{OA\sin\gamma}{OB\sin\beta} = 1$

ゆえに　$\dfrac{BP}{PC} \cdot \dfrac{CQ}{QA} \cdot \dfrac{AR}{RB} = 1$

研究―三角比と三角形の性質

メネラウスの定理についても，三角形の面積の公式から証明することができる。

>●メネラウスの定理
>
> △ABC の 3 辺 BC，CA，AB，またはその延長が，頂点を通らない 1 つの直線とそれぞれ P，Q，R で交わるとき，
>
> $$\frac{BP}{PC} \cdot \frac{CQ}{QA} \cdot \frac{AR}{RB} = 1 \quad \text{が成り立つ。}$$

証明　右の図の △ABC と，直線 PQR で証明する。

△ARQ と △BPR において

$$\triangle ARQ = \frac{1}{2} AR \cdot RQ \sin \angle ARQ$$

$$\triangle BPR = \frac{1}{2} BR \cdot PR \sin \angle BRP$$

∠ARQ+∠BRP=180° より　sin∠ARQ=sin∠BRP

よって　△ARQ：△BPR＝AR・RQ：BR・PR

$$\frac{\triangle ARQ}{\triangle BPR} = \frac{AR \cdot RQ}{BR \cdot PR} \quad \text{より} \quad \frac{AR}{RB} = \frac{PR \triangle ARQ}{QR \triangle BPR} \quad \cdots\cdots ①$$

△BPR と △CPQ において　∠BPR=∠CPQ

$$\triangle BPR : \triangle CPQ = \frac{1}{2} BP \cdot PR \sin \angle BPR : \frac{1}{2} CP \cdot PQ \sin \angle CPQ = BP \cdot PR : CP \cdot PQ$$

$$\frac{\triangle BPR}{\triangle CPQ} = \frac{BP \cdot PR}{CP \cdot PQ} \quad \text{より} \quad \frac{BP}{PC} = \frac{PQ \triangle BPR}{PR \triangle CPQ} \quad \cdots\cdots ②$$

△CPQ と △ARQ において，対頂角は等しいから　∠CQP=∠AQR

$$\triangle CPQ : \triangle ARQ = \frac{1}{2} CQ \cdot PQ \sin \angle CQP : \frac{1}{2} AQ \cdot QR \sin \angle AQR$$

$$= CQ \cdot PQ : AQ \cdot QR$$

$$\frac{\triangle CPQ}{\triangle ARQ} = \frac{CQ \cdot PQ}{AQ \cdot QR} \quad \text{より} \quad \frac{CQ}{QA} = \frac{QR \triangle CPQ}{PQ \triangle ARQ} \quad \cdots\cdots ③$$

①，②，③ より

$$\frac{BP}{PC} \cdot \frac{CQ}{QA} \cdot \frac{AR}{RB} = \frac{PQ \triangle BPR}{PR \triangle CPQ} \cdot \frac{QR \triangle CPQ}{PQ \triangle ARQ} \cdot \frac{PR \triangle ARQ}{QR \triangle BPR} = 1$$

ゆえに　$\dfrac{BP}{PC} \cdot \dfrac{CQ}{QA} \cdot \dfrac{AR}{RB} = 1$

参考　右の図の △ABC と直線 PQR についても，△ARQ と △BPR，△BPR と △CPQ，△CPQ と △ARQ の面積比を用いて，上の証明と同様に示すことができる。

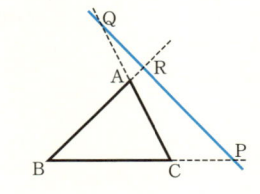

三角形の五心

三角形の五心については，三角比を使って表すときれいにまとめることができる性質を紹介する。

[五心から各辺に下ろした垂線の長さの比]

鋭角三角形について考える。

右の図のように，△ABC について点 P から直線 BC, CA, AB にそれぞれ垂線 PD, PE, PF をひき，3つの線分の比 PD：PE：PF を △ABC の三角比を利用して表す。

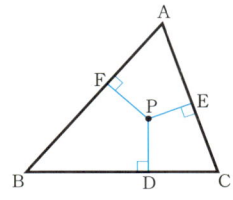

(ア) **P が △ABC の外心のとき**

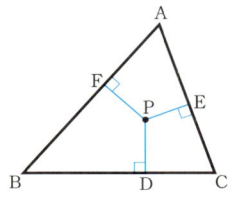

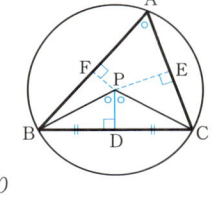

P は △ABC の外接円の中心である。
円周角の定理より　∠BPC＝2∠A
PD は辺 BC の垂直二等分線であるから
　　　∠BPD＝∠CPD
よって，△PBD において ∠BDP＝90°，∠BPD＝∠A より
　　PD＝PB cos A
同様に　PE＝PC cos B，PF＝PA cos C
PA, PB, PC は外接円の半径であるから　PA＝PB＝PC
ゆえに　**PD：PE：PF＝cos A：cos B：cos C**

(イ) **P が △ABC の垂心のとき**

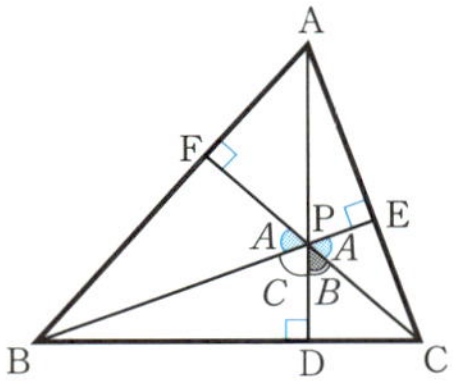

△PBD と △CBE で，∠PBD＝∠CBE
∠BDP＝∠BEC＝90° より
∠BPD＝∠C　よって　PD＝PB cos C
△PBF と △ABE においても同様に
∠BPF＝∠A　よって　PF＝PB cos A
ゆえに　PD：PF＝cos C：cos A　……①
PD：PE についても同様に　PD：PE＝cos B：cos A　……②
①より　PD：PF＝cos B cos C：cos A cos B
②より　PD：PE＝cos B cos C：cos C cos A
ゆえに　**PD：PE：PF＝cos B cos C：cos C cos A：cos A cos B**

$\left(\begin{array}{l}\cos A \cos B \cos C \neq 0 \text{ のとき } \text{PD：PE：PF}=\dfrac{1}{\cos A}：\dfrac{1}{\cos B}：\dfrac{1}{\cos C} \\ \text{（p.70 のセカントで表すと　PD：PE：PF}=\sec A：\sec B：\sec C）\end{array}\right.$

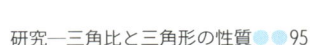

(ウ) P が △ABC の重心のとき
　点 A から辺 BC に垂線 AH をひく。
　辺 BC の中点を M とすると　AM：PM＝3：1
　よって　AH＝3PD
　△ABC の外接円の半径を R とすると
　正弦定理より　$\dfrac{BC}{\sin A}=2R$ から　$BC=2R\sin A$

　$\triangle ABC=\dfrac{1}{2}BC\cdot AH$ から　$PD=\dfrac{1}{3}AH=\dfrac{2\triangle ABC}{3BC}=\dfrac{\triangle ABC}{3R\sin A}$

　同様に　$PE=\dfrac{\triangle ABC}{3R\sin B}$,　$PF=\dfrac{\triangle ABC}{3R\sin C}$

　よって　$PD:PE:PF=\dfrac{1}{\sin A}:\dfrac{1}{\sin B}:\dfrac{1}{\sin C}$

　ゆえに　**PD：PE：PF**$=\sin B\sin C：\sin C\sin A：\sin A\sin B$
　（p.70 のコセカントで表すと　PD：PE：PF$=\operatorname{cosec}A：\operatorname{cosec}B：\operatorname{cosec}C$）

参考　P が △ABC の内心または傍心のとき，PD，PE，PF はそれぞれ内接円または傍接円の半径であるから，**PD：PE：PF＝1：1：1** となる。

[五心を通る線分で分割される三角形の面積の比]
　鋭角三角形について考える。
　右の図のように，△ABC について直線 AP と BC，BP と CA，CP と AB の交点をそれぞれ Q，R，S とする。
　$\triangle PBC=\alpha$，$\triangle PCA=\beta$，$\triangle PAB=\gamma$ とおくと
　　　$BQ:QC=\gamma:\beta$,
　　　$CR:RA=\alpha:\gamma$,
　　　$AS:SB=\beta:\alpha$　が成り立つ。

　P が △ABC の五心のいずれかであるとき，3 つの三角形の面積の比 $\alpha:\beta:\gamma$ を △ABC の三角比を利用して表す。

(ア) **P が △ABC の垂心のとき**
　p.95 から　$\angle BPQ=\angle C$，$\angle CPQ=\angle B$ より
　　$BQ:QC=PQ\tan C:PQ\tan B$
　よって　$\gamma:\beta=\tan C:\tan B$
　同様に　$\beta:\alpha=\tan B:\tan A$
　ゆえに　$\alpha:\beta:\gamma=\tan A:\tan B:\tan C$

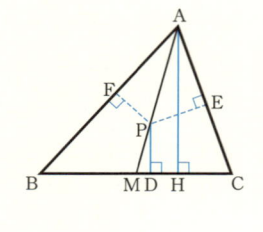

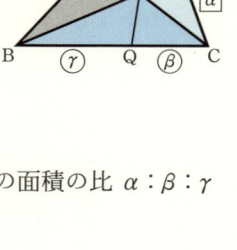

(イ) **P が △ABC の外心のとき**

$\angle BPC = 2\angle A$, $\angle CPA = 2\angle B$, $\angle APB = 2\angle C$,

$\triangle PBC = \dfrac{1}{2} PB \cdot PC \sin 2A$, $\triangle PCA = \dfrac{1}{2} PC \cdot PA \sin 2B$,

$\triangle PAB = \dfrac{1}{2} PA \cdot PB \sin 2C$, $PA = PB = PC$ より

$$\alpha : \beta : \gamma = \sin 2A : \sin 2B : \sin 2C$$

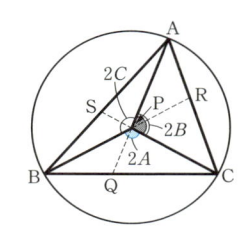

(ウ) **P が △ABC の内心のとき**

AQ は ∠A の二等分線であるから $BQ : QC = AB : CA$

△ABC の外接円の半径を R とすると

正弦定理より $\dfrac{CA}{\sin B} = \dfrac{AB}{\sin C} = 2R$

よって $AB : CA = 2R \sin C : 2R \sin B$

ゆえに $BQ : QC = \sin C : \sin B$

同様に $CR : RA = \sin A : \sin C$

ゆえに $\alpha : \beta : \gamma = \sin A : \sin B : \sin C$

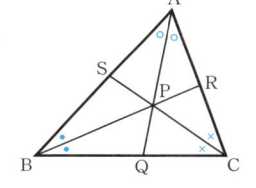

(エ) **P が △ABC の ∠A の内部にある傍心のとき**

右の図の △ABC で,

$\triangle PAB : \triangle PCA = BQ : QC$,
$\triangle PAB : \triangle PBC = AR : RC$,
$\triangle PCA : \triangle PBC = AS : SB$ が成り立つ.

内角および外角の二等分線の定理より

$BQ : QC = AB : CA$, $AR : RC = AB : BC$,
$AS : SB = CA : BC$ であるから，内心の場合と同様に

$$\alpha : \beta : \gamma = \sin A : \sin B : \sin C$$

参考 P が △ABC の重心のときは，AQ, BR, CS は △ABC の中線となるから，
$\alpha : \beta : \gamma = 1 : 1 : 1$ となる.

以上のことをまとめると，次の表のようになる。

P	PD : PE : PF	$\alpha : \beta : \gamma$
外心	$\cos A : \cos B : \cos C$	$\sin 2A : \sin 2B : \sin 2C$
垂心	$\cos B \cos C : \cos C \cos A : \cos A \cos B$	$\tan A : \tan B : \tan C$
重心	$\sin B \sin C : \sin C \sin A : \sin A \sin B$	$1 : 1 : 1$
内心	$1 : 1 : 1$	$\sin A : \sin B : \sin C$
傍心	$1 : 1 : 1$	$\sin A : \sin B : \sin C$

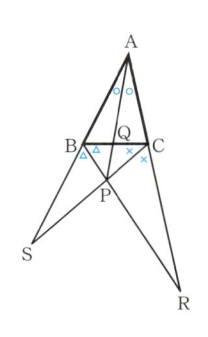

研究 ブレートシュナイダーの公式

円に内接する四角形の面積は，ブラーマグプタの公式で求めることができる。ここでは，一般の四角形の面積を求めるブレートシュナイダーの公式を紹介する。

準備として，公式の証明に必要な定理を証明する。

$\boxed{1}$ $\cos(\alpha+\beta)=\cos\alpha\cos\beta-\sin\alpha\sin\beta$ （加法定理）

$\boxed{2}$ $1+\cos\theta=2\cos^2\dfrac{\theta}{2}$

[証明] $0°<\alpha+\beta<180°$ の場合について考える。

$\boxed{1}$ 右の図の △OAB で，$\angle OAB=\alpha$，$\angle OBA=\beta$ とする。

△OAH で $OA=\dfrac{OH}{\sin\alpha}$，$AH=\dfrac{OH}{\tan\alpha}$

△OBH で $OB=\dfrac{OH}{\sin\beta}$，$BH=\dfrac{OH}{\tan\beta}$

△OAB で，余弦定理より
$AB^2=OA^2+OB^2-2OA\cdot OB\cos\angle AOB$
$\left(\dfrac{OH}{\tan\alpha}+\dfrac{OH}{\tan\beta}\right)^2=\left(\dfrac{OH}{\sin\alpha}\right)^2+\left(\dfrac{OH}{\sin\beta}\right)^2-2\cdot\dfrac{OH}{\sin\alpha}\cdot\dfrac{OH}{\sin\beta}\cos\{180°-(\alpha+\beta)\}$

両辺を OH^2 で割り，$\sin^2\alpha\sin^2\beta$ を掛けると
$(\sin\beta\cos\alpha+\sin\alpha\cos\beta)^2=\sin^2\beta+\sin^2\alpha+2\sin\alpha\sin\beta\cos(\alpha+\beta)$
　　$2\sin\alpha\sin\beta\cos(\alpha+\beta)$
$=2\sin\alpha\sin\beta\cos\alpha\cos\beta-\sin^2\alpha(1-\cos^2\beta)-\sin^2\beta(1-\cos^2\alpha)$
$1-\cos^2\alpha=\sin^2\alpha$，$1-\cos^2\beta=\sin^2\beta$ より
$2\sin\alpha\sin\beta\cos(\alpha+\beta)=2\sin\alpha\sin\beta\cos\alpha\cos\beta-2\sin^2\alpha\sin^2\beta$

両辺を $2\sin\alpha\sin\beta$ （$\neq 0$）で割ると
　　$\cos(\alpha+\beta)=\cos\alpha\cos\beta-\sin\alpha\sin\beta$

$\boxed{2}$ $\boxed{1}$ の式で，$\alpha=\beta=\dfrac{\theta}{2}$ とすると

$\cos\theta=\cos^2\dfrac{\theta}{2}-\sin^2\dfrac{\theta}{2}=\cos^2\dfrac{\theta}{2}-\left(1-\cos^2\dfrac{\theta}{2}\right)=2\cos^2\dfrac{\theta}{2}-1$

ゆえに $1+\cos\theta=2\cos^2\dfrac{\theta}{2}$

参考　次の公式は，数学Ⅱで学習する三角関数の加法定理と2倍角の公式である。

（加法定理）　　$\sin(\alpha\pm\beta)=\sin\alpha\cos\beta\pm\cos\alpha\sin\beta$
　　　　　　　　$\cos(\alpha\pm\beta)=\cos\alpha\cos\beta\mp\sin\alpha\sin\beta$　（複号同順）

（2倍角の公式）　$\sin 2\alpha=2\sin\alpha\cos\alpha$ （p.90 参照）
　　　　　　　　$\cos 2\alpha=\cos^2\alpha-\sin^2\alpha=2\cos^2\alpha-1=1-2\sin^2\alpha$

> ●ブレートシュナイダーの公式
>
> 四角形 ABCD で，AB＝a，BC＝b，CD＝c，DA＝d とし，面積を S とすると，
>
> $$S=\sqrt{(s-a)(s-b)(s-c)(s-d)-abcd\cos^2\frac{A+C}{2}}$$
>
> ただし，$s=\dfrac{a+b+c+d}{2}$

証明　$A+C=B+D=180°$ のとき，四角形 ABCD は円に内接し，ブラーマグプタの公式が利用できる。ここでは，$A+C<180°<B+D$ として証明する。

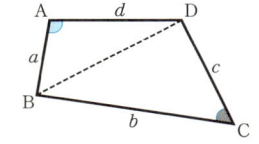

$$S=\triangle \mathrm{ABD}+\triangle \mathrm{CDB}=\frac{1}{2}ad\sin A+\frac{1}{2}bc\sin C$$

両辺に 2 を掛けてから 2 乗すると
$$4S^2=(ad)^2\sin^2 A+2abcd\sin A\sin C+(bc)^2\sin^2 C \quad \cdots\cdots ①$$

△ABD，△CDB について，余弦定理で BD^2 を 2 通りに表すと
$$\mathrm{BD}^2=a^2+d^2-2ad\cos A=b^2+c^2-2bc\cos C$$

よって　$a^2+d^2-b^2-c^2=2ad\cos A-2bc\cos C$

両辺を 2 乗すると
$$(a^2+d^2-b^2-c^2)^2$$
$$=4\{(ad)^2\cos^2 A-2abcd\cos A\cos C+(bc)^2\cos^2 C\} \quad \cdots\cdots ②$$

①×4＋② で，$\sin^2 A+\cos^2 A=1$，$\sin^2 C+\cos^2 C=1$ であるから
$$16S^2+(a^2+d^2-b^2-c^2)^2=4\{(ad)^2-2abcd(\cos A\cos C-\sin A\sin C)+(bc)^2\}$$

$\boxed{1}$ より
$$16S^2+(a^2+d^2-b^2-c^2)^2=4\{(ad)^2-2abcd\cos(A+C)+(bc)^2\}$$

$\boxed{2}$ より
$$16S^2=-(a^2+d^2-b^2-c^2)^2+4(ad)^2+4(bc)^2-8abcd\left(2\cos^2\frac{A+C}{2}-1\right)$$
$$=-(a^2+d^2-b^2-c^2)^2+2^2(ad+bc)^2-16abcd\cos^2\frac{A+C}{2}$$

ここで　$\{2(ad+bc)\}^2-(a^2+d^2-b^2-c^2)^2$
$$=\{2(ad+bc)+a^2+d^2-b^2-c^2\}\{2(ad+bc)-a^2-d^2+b^2+c^2\}$$
$$=\{(a+d)^2-(b-c)^2\}\{(b+c)^2-(a-d)^2\}$$
$$=(a+d+b-c)(a+d-b+c)(b+c+a-d)(b+c-a+d)$$
$$=2(s-c)\cdot 2(s-b)\cdot 2(s-d)\cdot 2(s-a)=16(s-a)(s-b)(s-c)(s-d)$$

ゆえに　$S=\sqrt{(s-a)(s-b)(s-c)(s-d)-abcd\cos^2\dfrac{A+C}{2}}$

総合問題

1 △ABC において，$\dfrac{a}{\cos A}=\dfrac{b}{\cos B}=\dfrac{c}{\cos C}$ が成り立つとき，△ABC はどんな三角形か。

2 2辺の長さが2と3で，1つの角の大きさが60°であるような三角形がある。この三角形の残りの1辺の長さを求めよ。

3 ★★ 鋭角三角形 ABC について，外心を O とし，外接円の半径を R とする。点 O から辺 BC，CA，AB に，垂線 OD，OE，OF をひく。

(1) △ABC $=2R^2\sin A\sin B\sin C$ であることを証明せよ。

(2) △ODE $=\dfrac{1}{2}R^2\cos A\cos B\sin C$ であることを証明せよ。

(3) △DEF の面積を2通りで表すことにより，
$\tan A+\tan B+\tan C=\tan A\tan B\tan C$ であることを証明せよ。

4 ★★ 右の図のように，大きい円に内接し，小さい円に外接する四角形 ABCD で，AB$=a$，BC$=b$，CD$=c$，DA$=d$，四角形 ABCD の面積を S とするとき，
$$S=\sqrt{abcd}$$
が成り立つことを証明せよ。

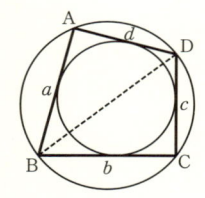

5 ★★ 鋭角三角形 ABC において，重心を G，外心を O とし，OG∥BC とする。点 A と点 O から辺 BC に下ろした垂線を，それぞれ AD，OE とする。

(1) AD : OE を求めよ。

(2) AD の延長と円 O の交点を F とするとき，AD : DF を求めよ。

(3) $\tan B\tan C$ の値を求めよ。

6 ★★ 1辺の長さが3の正四面体 OABC において，辺 BC を 1:2 に内分する点を D とする。また，辺 OC 上に点 E をとり，CE$=t$ とする。

(1) 線分 AD の長さを求めよ。

(2) 点 E から線分 AD に垂線 EH をひくとき，EH を t を使って表せ。

(3) △ADE の面積が最小になるときの，t の値とそのときの面積を求めよ。

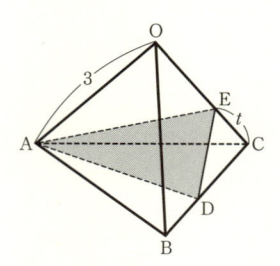

索引

あ行

アポロニウスの円 …………………… 56
裏 ………………………………………… 7
円周角 ………………………………… 38
円周角の定理 ………………………… 38
オイラー線 …………………………… 34

か行

外角の二等分線の定理 ……………… 14
外角の二等分線の定理の逆 ………… 15
外心 …………………………………… 26
外接円 ………………………………… 26
外分する ……………………………… 13
かつ ……………………………………… 5
仮定 ……………………………………… 3
加法定理 ……………………………… 98
間接証明法 …………………………… 10
軌跡 …………………………………… 55
逆 ………………………………………… 7
九点円 ………………………………… 57
共通外接線 …………………………… 52
共通接線 ……………………………… 52
共通内接線 …………………………… 52
共通部分 ………………………………… 1
空集合 …………………………………… 1
結論 ……………………………………… 3
公理 ……………………………………… 9
コサイン ……………………………… 62
コセカント …………………………… 70
コタンジェント ……………………… 70

さ行

サイン ………………………………… 62
作図 …………………………………… 54

三角形の五心 ………………………… 30
三角形の成立条件 …………………… 18
三角形の6要素 ……………………… 77
三角形を解く ………………………… 77
三角比 ………………………………… 62
シムソンの定理 ……………………… 57
重心 …………………………………… 25
十分条件 ………………………………… 3
ジュルゴンヌ点 ……………………… 35
証明 ……………………………………… 9
垂心 …………………………………… 27
スチュアートの定理 ………………… 91
正割 …………………………………… 70
正弦 …………………………………… 62
正弦定理 ……………………………… 72
正接 …………………………………… 62
セカント ……………………………… 70
接弦定理 ……………………………… 45
全体集合 ………………………………… 2

た行

第1余弦定理 ………………………… 76
対偶 ……………………………………… 7
単位円 ………………………………… 65
タンジェント ………………………… 62
チェバの定理 ………………………… 20
チェバの定理の逆 …………………… 21
中心角 ………………………………… 38
中線 …………………………………… 25
中線定理（パップスの定理） ……… 91
直接証明法 …………………………… 10
定理 ……………………………………… 9
デザルグの定理 ……………………… 33
転換法 ………………………………… 10
同一法 ………………………………… 11

同値 ……………………………… 4	辺と角の大小関係 ……………… 17
ド・モルガンの法則 …………… 2	傍心 ……………………………… 30
トレミーの定理 ………………… 55	傍接円 …………………………… 30
	方べき …………………………… 51

な行

内角の二等分線の定理 ………… 14	方べきの定理 …………………… 48
内角の二等分線の定理の逆 …… 15	補角 ……………………………… 68
内心 ……………………………… 29	補集合 …………………………… 2
内接円 …………………………… 29	
内分する ………………………… 13	

ま行

ナーゲル点 ……………………… 35	交わり …………………………… 1
2倍角の公式 …………………… 98	または …………………………… 5
	見こむ角 ………………………… 40

は行

背理法 …………………………… 8	結び ……………………………… 1
パスカルの定理 ………………… 59	命題 ……………………………… 3
反例 ……………………………… 3	メネラウスの定理 ……………… 22
必要十分条件 …………………… 4	メネラウスの定理の逆 ………… 23
必要条件 ………………………… 3	

や行

否定 ……………………………… 5	余角 ……………………………… 64
部分集合 ………………………… 1	余割 ……………………………… 70
ブラーマグプタの公式 ………… 85	余弦 ……………………………… 62
ブラーマグプタの定理 ………… 60	余弦定理 ………………………… 74
ブレートシュナイダーの公式 … 99	余接 ……………………………… 70
平行線の公理 …………………… 9	

わ行

ヘロンの公式 …………………… 82	和集合 …………………………… 1

三角比の表

角	正弦(sin)	余弦(cos)	正接(tan)	角	正弦(sin)	余弦(cos)	正接(tan)
0°	0.0000	1.0000	0.0000	45°	0.7071	0.7071	1.0000
1°	0.0175	0.9998	0.0175	46°	0.7193	0.6947	1.0355
2°	0.0349	0.9994	0.0349	47°	0.7314	0.6820	1.0724
3°	0.0523	0.9986	0.0524	48°	0.7431	0.6691	1.1106
4°	0.0698	0.9976	0.0699	49°	0.7547	0.6561	1.1504
5°	0.0872	0.9962	0.0875	50°	0.7660	0.6428	1.1918
6°	0.1045	0.9945	0.1051	51°	0.7771	0.6293	1.2349
7°	0.1219	0.9925	0.1228	52°	0.7880	0.6157	1.2799
8°	0.1392	0.9903	0.1405	53°	0.7986	0.6018	1.3270
9°	0.1564	0.9877	0.1584	54°	0.8090	0.5878	1.3764
10°	0.1736	0.9848	0.1763	55°	0.8192	0.5736	1.4281
11°	0.1908	0.9816	0.1944	56°	0.8290	0.5592	1.4826
12°	0.2079	0.9781	0.2126	57°	0.8387	0.5446	1.5399
13°	0.2250	0.9744	0.2309	58°	0.8480	0.5299	1.6003
14°	0.2419	0.9703	0.2493	59°	0.8572	0.5150	1.6643
15°	0.2588	0.9659	0.2679	60°	0.8660	0.5000	1.7321
16°	0.2756	0.9613	0.2867	61°	0.8746	0.4848	1.8040
17°	0.2924	0.9563	0.3057	62°	0.8829	0.4695	1.8807
18°	0.3090	0.9511	0.3249	63°	0.8910	0.4540	1.9626
19°	0.3256	0.9455	0.3443	64°	0.8988	0.4384	2.0503
20°	0.3420	0.9397	0.3640	65°	0.9063	0.4226	2.1445
21°	0.3584	0.9336	0.3839	66°	0.9135	0.4067	2.2460
22°	0.3746	0.9272	0.4040	67°	0.9205	0.3907	2.3559
23°	0.3907	0.9205	0.4245	68°	0.9272	0.3746	2.4751
24°	0.4067	0.9135	0.4452	69°	0.9336	0.3584	2.6051
25°	0.4226	0.9063	0.4663	70°	0.9397	0.3420	2.7475
26°	0.4384	0.8988	0.4877	71°	0.9455	0.3256	2.9042
27°	0.4540	0.8910	0.5095	72°	0.9511	0.3090	3.0777
28°	0.4695	0.8829	0.5317	73°	0.9563	0.2924	3.2709
29°	0.4848	0.8746	0.5543	74°	0.9613	0.2756	3.4874
30°	0.5000	0.8660	0.5774	75°	0.9659	0.2588	3.7321
31°	0.5150	0.8572	0.6009	76°	0.9703	0.2419	4.0108
32°	0.5299	0.8480	0.6249	77°	0.9744	0.2250	4.3315
33°	0.5446	0.8387	0.6494	78°	0.9781	0.2079	4.7046
34°	0.5592	0.8290	0.6745	79°	0.9816	0.1908	5.1446
35°	0.5736	0.8192	0.7002	80°	0.9848	0.1736	5.6713
36°	0.5878	0.8090	0.7265	81°	0.9877	0.1564	6.3138
37°	0.6018	0.7986	0.7536	82°	0.9903	0.1392	7.1154
38°	0.6157	0.7880	0.7813	83°	0.9925	0.1219	8.1443
39°	0.6293	0.7771	0.8098	84°	0.9945	0.1045	9.5144
40°	0.6428	0.7660	0.8391	85°	0.9962	0.0872	11.4301
41°	0.6561	0.7547	0.8693	86°	0.9976	0.0698	14.3007
42°	0.6691	0.7431	0.9004	87°	0.9986	0.0523	19.0811
43°	0.6820	0.7314	0.9325	88°	0.9994	0.0349	28.6363
44°	0.6947	0.7193	0.9657	89°	0.9998	0.0175	57.2900
45°	0.7071	0.7071	1.0000	90°	1.0000	0.0000	

Aクラスブックス　平面幾何と三角比

2016年2月　初版発行

著　者	矢島　弘	成川康男
	深瀬幹雄	町田多加志
発行者	斎藤　亮	
組版所	錦美堂整版	
印刷所	光陽メディア	
製本所	井上製本所	

発行所　昇龍堂出版株式会社

〒101-0062　東京都千代田区神田駿河台2-9
TEL 03-3292-8211　FAX 03-3292-8214
振替 00100-9-109283

落丁本・乱丁本は，送料小社負担にてお取り替えいたします
ホームページ http://www.shoryudo.co.jp/
ISBN978-4-399-01307-0 C6341 ¥900E　　Printed in Japan

本書のコピー，スキャン，デジタル化等の無断複製は著作権法上での例外を除き禁じられています。本書を代行業者等の第三者に依頼してスキャンやデジタル化することは，たとえ個人や家庭内での利用でも著作権法違反です。

Aクラスブックス

平面幾何と三角比
三角形・円の性質と三角比

…解答編…

この解答編は薄くのりづけされています。軽く引けば取りはずすことができます。

序章　命題 ……………………………………1
1章　三角形の性質 ……………………………4
2章　円の性質 …………………………………13
3章　三角比 ……………………………………20

序章 命題

問1 $A \cup B = \{\ell, o, v, e, i, k\}$, $A \cap B = \{\ell, e\}$

問2 (1) $\overline{A} = \{2, 4, 5, 8\}$
(2) $\overline{B} = \{5, 7, 8, 9\}$
(3) $A \cap \overline{B} = \{7, 9\}$
解説 ベン図で表すと右のようになる。

問3 (1) $\{5, 7, 8, 10, 11\}$ (2) $\{1, 2, 4, 5, 7, 8, 9, 10, 11\}$
(3) $\{1, 2, 4\}$
解説 $U = \{1, 2, 3, 4, 5, 6, 7, 8, 9, 10, 11, 12\}$,
$A = \{1, 2, 3, 4, 6, 12\}$, $B = \{3, 6, 9, 12\}$ であるから,
$A \cup B = \{1, 2, 3, 4, 6, 9, 12\}$, $A \cap B = \{3, 6, 12\}$
(2) ド・モルガンの法則より, $\overline{A \cup B} = \overline{A} \cap \overline{B}$
(3) ド・モルガンの法則より, $\overline{\overline{A} \cup B} = A \cap \overline{B}$
また, $\overline{B} = \{1, 2, 4, 5, 7, 8, 10, 11\}$

問4 (1) 真 (2) 偽 反例：四角形 ABCD が長方形のとき
(3) 偽 反例：四角形 ABCD が AD // BC, AB = CD の等脚台形のとき

問5 (1) 十分 (2) 必要 (3) 十分 (4) 必要十分
解説 (1) $\Longleftarrow$ は偽 反例：$\triangle$ABC が $\angle$B = 90° の直角三角形のとき
(2) $\Longrightarrow$ は偽 反例：$\triangle$ABC が $\angle$B = 90° の直角三角形のとき
(3) $\Longleftarrow$ は偽 反例：$\triangle$ABC が BC = BA の二等辺三角形のとき

問6 (1)「$a \neq 0$ または $b \neq 0$」 (2)「$a \geq -2$ かつ $b < 7$」
(3)「$-2 < x \leq 6$」
(4)「$x < 0$ または $x \geq 1$」
解説 (3)「$x > -2$ かつ $x \leq 6$」
(4)「$0 \leq x < 1$」は「$x \geq 0$ かつ $x < 1$」を表す。

問7 (1) もとの命題は, 真。
否定は「ある実数 x について $x^2 + 1 \leq 0$」で, 偽。
(2) もとの命題は, 偽。
否定は「すべての実数 x について $x^2 \geq 0$」で, 真。
解説 (1) すべての実数で $x^2 \geq 0$ が成り立つから, $x^2 + 1 > 0$

問8 (1) 逆は「$x = 1 \Longrightarrow x^2 = x$」で, 真。
裏は「$x^2 \neq x \Longrightarrow x \neq 1$」で, 真。
対偶は「$x \neq 1 \Longrightarrow x^2 \neq x$」で, 偽。 反例：$x = 0$ のとき
(2) 逆は「四角形 ABCD で, AB = CD かつ AD = BC ならば, 平行四辺形である。」
で, 真。
裏は「四角形 ABCD が平行四辺形でないならば, AB ≠ CD または AD ≠ BC」
で, 真。
対偶は「四角形 ABCD で, AB ≠ CD または AD ≠ BC ならば, 平行四辺形でない。」
で, 真。

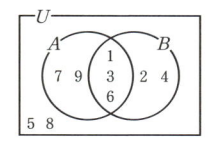

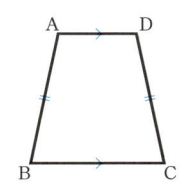

解説 (1)「$x^2=x \Longleftrightarrow x=0$ または $x=1$」より「$x^2 \neq x \Longleftrightarrow x \neq 0$ かつ $x \neq 1$」であるから，裏は「$x \neq 0$ かつ $x \neq 1 \Longrightarrow x \neq 1$」

(2) 四角形 ABCD が平行四辺形であることは，AB=CD かつ AD=BC であるための必要十分条件である。

条件 p, q で「$p \Longleftrightarrow q$」であるとき，「$p \Longrightarrow q$」，「$q \Longrightarrow p$」が真であるから，それぞれの対偶である「$\overline{q} \Longrightarrow \overline{p}$」，「$\overline{p} \Longrightarrow \overline{q}$」も真である。

問9 命題の対偶をとると「実数 a, b で，$a \leqq 0$ かつ $b \leqq 0$ ならば，$a+b \leqq 0$」
$a \leqq 0$ かつ $b \leqq 0$ のとき，$a+b \leqq 0+0$ であるから $a+b \leqq 0$
ゆえに，$a+b>0$ ならば，$a>0$ または $b>0$

問10 四角形 ABCD の 4 辺が，すべて 5cm 未満であると仮定する。
すなわち，AB<5，BC<5，CD<5，DA<5
このとき，AB+BC+CD+DA<5+5+5+5
よって，AB+BC+CD+DA<20
これは，四角形 ABCD の 4 辺の長さの和が 20cm であることに矛盾する。
このことは，4 辺がすべて 5cm 未満であると仮定したことによる。
ゆえに，四角形 ABCD の 4 辺のうち，少なくとも 1 辺は 5cm 以上である。

問11 直線 m と n が平行でないと仮定する。
直線 m, n は同じ平面上にあるから，m と n は交点 A をもつ。
$\ell \mathbin{/\mkern-5mu/} m$ かつ $\ell \mathbin{/\mkern-5mu/} n$ より，点 A は直線 ℓ 上にない。
すなわち，直線 ℓ 上にない点 A を通り ℓ に平行な直線が，m と n の 2 本あることになる。
これは，平行線の公理「一直線上にない 1 点を通り，この直線に平行な直線は 1 つしかない。」に矛盾する。
このことは，直線 m と n が平行でないと仮定したことによる。
ゆえに，$m \mathbin{/\mkern-5mu/} n$

1 (1) $\{2, 4\}$　(2) $\{7\}$
(3) $\{1, 2, 3, 4, 5, 6, 8\}$　(4) $\{9\}$
解説 ベン図は右のようになる。
(3) A と $B \cap C = \{2, 4, 8\}$ の和集合を求める。
(4) $\overline{A \cup B} = \{7, 9\}$ と C の共通部分を求める。

2 (1)(ア) 必要　(イ) 十分　(ウ) ×
(2)(エ) ×　(オ) 必要　(カ) 十分
(3)(キ) 必要　(ク) 必要十分　(ケ) 十分　(コ) 十分
解説 (3) 右の図のような平行四辺形 ABCD について，(ケ)，(コ)の成り立たない条件の反例として，次のような四角形が考えられる。

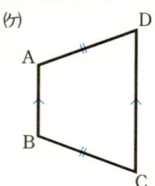

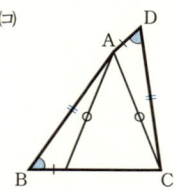

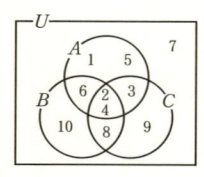

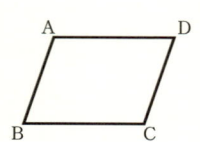

3 (1) もとの命題は真，逆は偽，裏は偽，対偶は真
逆：$abc>0$ ならば，$a>0$ かつ $b>0$ かつ $c>0$
裏：$a\leqq 0$ または $b\leqq 0$ または $c\leqq 0$ ならば，$abc\leqq 0$
対偶：$abc\leqq 0$ ならば，$a\leqq 0$ または $b\leqq 0$ または $c\leqq 0$
(2) もとの命題は真，逆は真，裏は真，対偶は真
逆：$\angle A=90°$ ならば，$AB^2+CA^2=BC^2$
裏：$AB^2+CA^2\neq BC^2$ ならば，$\angle A\neq 90°$
対偶：$\angle A\neq 90°$ ならば，$AB^2+CA^2\neq BC^2$
解説 (1) 逆において，$a=-1$，$b=-2$，$c=3$ のとき $abc>0$ であるが，$a>0$ かつ $b>0$ かつ $c>0$ でない。また，逆の対偶は裏であるから，逆と裏は真偽が一致する。
(2) △ABC において，
$AB^2+CA^2=BC^2 \iff \angle A=90°$ が成り立つ。(三平方の定理とその逆)

4 3つの整数 a, b, c がすべて奇数であると仮定する。
$a=2k+1$ (k は整数) とおくと
$a^2=(2k+1)^2=4k^2+4k+1=2(2k^2+2k)+1$
$2k^2+2k$ は整数であるから，a^2 は奇数である。
同様に，b^2，c^2 も奇数である。
このとき，a^2+b^2 は奇数どうしの和であるから偶数となる。
これは，$a^2+b^2=c^2$ であることに矛盾する。
このことは，a, b, c をすべて奇数であると仮定したことによる。
ゆえに，a, b, c のうち，少なくとも1つは偶数である。
解説 背理法で証明する。（奇数）^{2} は（奇数）であることを利用する。

5 直線 ℓ と円 O が点 A で接し，OA と ℓ が垂直でないと仮定する。
中心 O から ℓ へ垂線 OH をひき，点 H に関して点 A と対称な点を B とすると，
OA=OB
よって，点 B も円 O の周上にある。
これは，ℓ と円 O が 2 点 A，B を共有することになり，ℓ が円 O の接線であることに矛盾する。
このことは，OA と ℓ が垂直でないと仮定したことによる。
よって，OA と ℓ は垂直である。
ゆえに，円の接線は接点を通る半径に垂直である。
解説 背理法で証明する。
円と直線が1点だけを共有するとき，直線は円に接するという。
OA と ℓ が垂直でないと仮定し，このこととの矛盾を導く。

1章 三角形の性質

問1 (1) P は $1:6$，S は $4:3$ 　(2) A は $1:3$，B は $5:1$
　　解説 (1) P は AP：PB に，S は AS：SB にそれぞれ AB を内分する。
　　(2) A は QA：AU に，B は QB：BU にそれぞれ QU を外分する。

問2 (1) $\dfrac{30}{13}$ 　(2) $\dfrac{51}{2}$

　　解説 (1) $BD=\dfrac{6}{6+7}BC$ 　(2) $BD=\dfrac{17}{17-9}BC$

問3 AD＝AC より，△ADC は二等辺三角形であるから　∠ACD＝∠ADC ……①
　　BQ：QC＝AB：AC，AC＝AD より，BQ：QC＝BA：AD であるから　AQ∥DC
　　よって　∠EAQ＝∠ADC（同位角）……②，　∠QAC＝∠ACD（錯角）……③
　　①，②，③より　∠EAQ＝∠QAC
　　ゆえに，AQ は ∠A の外角を2等分する。
　　注意 AB＝AC の場合は，考えないものとする。

問4 BD は ∠B の二等分線であるから　BA：BC＝AD：DC ……①
　　CE は ∠C の二等分線であるから　CA：CB＝AE：EB ……②
　　ED∥BC より　AE：EB＝AD：DC ……③
　　①，②，③より　BA：BC＝CA：CB
　　よって　AB＝AC
　　ゆえに，△ABC は AB＝AC の二等辺三角形である。

問5 (1) ∠C，∠A，∠B　(2) AB，BC，CA
　　(3) CA，AB，BC　(4) ∠A
　　解説 (2) $\angle C=180°-\angle A-\angle B=180°-70°-80°=30°$
　　(3) $\angle A+\angle B=120°$，$\angle A>60°>\angle B$ より　∠A＞∠C＞∠B
　　(4) $AB=\sqrt{BC^2-CA^2}=\sqrt{36-16}=2\sqrt{5}$ より　BC＞AB＞CA

問6 AB＝AC より　∠ABC＝∠ACB ……①
　　△ACP で，∠APB＝∠ACB＋∠PAC より　∠APB＞∠ACB ……②
　　△ABP で，①，②より　∠APB＞∠ABC
　　ゆえに　AB＞AP
　　解説 △ABP で，AB＞AP を示すためには ∠APB＞∠ABC（＝∠ABP）を導く。

問7 (1) $4<x<8$ 　(2) $1<x<\dfrac{17}{3}$

　　解説 三角形の成立条件にあてはめる。
　　(1) $6-2<x<6+2$ 　(2) $8-(8-x)<2x-1<8+(8-x)$

問8 △AFE で　AF＋EA＞FE
　　△BDF で　BD＋FB＞DF
　　△CED で　CE＋DC＞ED
　　3つの不等式の辺々を加えると
　　AF＋EA＋BD＋FB＋CE＋DC＞FE＋DF＋ED
　　（AF＋FB）＋（BD＋DC）＋（CE＋EA）＞DE＋EF＋FD
　　AF＋FB＝AB，BD＋DC＝BC，CE＋EA＝CA より　AB＋BC＋CA＞DE＋EF＋FD
　　解説 △AFE，△BDF，△CED のそれぞれで，三角形の成立条件を考える。

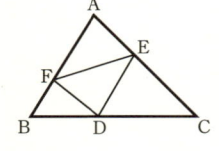

問9 (1) $5:6$ (2) $7:2$

 解説 チェバの定理から $\dfrac{BP}{PC}\cdot\dfrac{CQ}{QA}\cdot\dfrac{AR}{RB}=1$

 (1) $\dfrac{3}{1}\cdot\dfrac{2}{5}\cdot\dfrac{AR}{RB}=1$ (2) $\dfrac{1}{1}\cdot\dfrac{2}{7}\cdot\dfrac{AR}{RB}=1$

問10 (1) $7:15$ (2) $7:3$

 解説 メネラウスの定理から $\dfrac{BP}{PC}\cdot\dfrac{CQ}{QA}\cdot\dfrac{AR}{RB}=1$

 (1) $\dfrac{3}{1}\cdot\dfrac{5}{7}\cdot\dfrac{AR}{RB}=1$ (2) $\dfrac{3}{1}\cdot\dfrac{1}{7}\cdot\dfrac{AR}{RB}=1$

問11 直線 BC と RQ の交点を P′ とすると

 メネラウスの定理から $\dfrac{BP'}{P'C}\cdot\dfrac{CQ}{QA}\cdot\dfrac{AR}{RB}=1$

 また,仮定より $\dfrac{BP}{PC}\cdot\dfrac{CQ}{QA}\cdot\dfrac{AR}{RB}=1$

 よって $\dfrac{BP'}{P'C}=\dfrac{BP}{PC}$

 点 P,P′ はともに辺 BC の延長上にあるから,P′ は P と一致する。
 ゆえに,3 点 P,Q,R は一直線上にある。

 解説 メネラウスの定理の逆の証明である。本文 p.21 のチェバの定理の逆の証明を参考にするとよい。

問12 PQ∥BC より $\dfrac{AP}{PB}=\dfrac{AQ}{QC}$ ……①

 △ABC と点 O で,チェバの定理から $\dfrac{AP}{PB}\cdot\dfrac{BM}{MC}\cdot\dfrac{CQ}{QA}=1$ ……②

 ①,②より $\dfrac{AQ}{QC}\cdot\dfrac{BM}{MC}\cdot\dfrac{CQ}{QA}=1$ よって,$\dfrac{BM}{MC}=1$ より BM=MC

 ゆえに,M は辺 BC の中点である。

問13 △ABM と直線 PNC で,メネラウスの定理から

 $\dfrac{AP}{PB}\cdot\dfrac{BC}{CM}\cdot\dfrac{MN}{NA}=1$

 BM=MC,MN=NA より $\dfrac{BC}{CM}=\dfrac{2}{1}$,$\dfrac{MN}{NA}=\dfrac{1}{1}$

 よって $\dfrac{AP}{PB}\cdot\dfrac{2}{1}\cdot\dfrac{1}{1}=1$

 ゆえに $AP=\dfrac{1}{2}BP$

問14 $AG=6$,$GQ=\dfrac{10}{3}$

 解説 G は △ABC の重心であるから AG:GD=2:1
 また,BD=DC,PQ∥BC より GQ:DC=2:3

問15 2

 解説 $CA^2=AB^2+BC^2$ が成り立つから,△ABC は CA を斜辺とする直角三角形である。

問16 (1) 点B (2) 80°

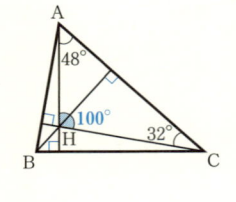

解説 (1) BH⊥AC, BC⊥AH, BA⊥CH より,
B は △HCA の垂心である。
(2) ∠AHC=180°−48°−32°

問17 10:7

解説 AD は ∠A の二等分線であるから
BD:DC=AB:AC
よって BD=$\frac{6}{6+4}$BC=$\frac{3}{5}$×7=$\frac{21}{5}$
BI は ∠B の二等分線であるから AI:ID=BA:BD

問18 BP=4, CQ=3, AR=2

解説 点 P, Q, R は内接円と各辺との接点であるから
BP=BR, CP=CQ, AQ=AR
ここで, BP=x, CQ=y, AR=z とおくと
$x+y=7$ ……①, $y+z=5$ ……②, $z+x=6$ ……③
(①+②+③)÷2 より $x+y+z=9$ 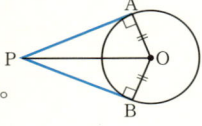
参考 円外の1点からその円にひいた2本の接線の長さは等しい。
右の図で PA=PB

問19 18°

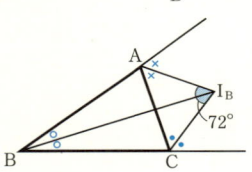

解説 △I_BAC で
∠I_BAC+∠I_BCA=180°−72°=108°
△ABC で
∠ABC=180°−∠CAB−∠BCA
=180°−(180°−2∠I_BAC)−(180°−2∠I_BCA)
=2(∠I_BAC+∠I_BCA)−180°=2×108°−180°=36°
また, ∠ABI_B=$\frac{1}{2}$∠ABC

問20 ∠BIC=90°+$\frac{1}{2}$∠A, ∠BI_AC=90°−$\frac{1}{2}$∠A

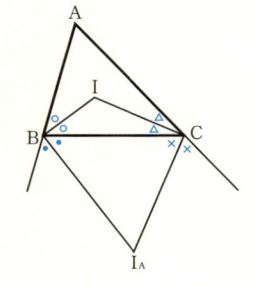

解説 △IBC で ∠BIC=180°−(∠IBC+∠ICB)
=180°−$\left(\frac{1}{2}∠ABC+\frac{1}{2}∠BCA\right)$
=180°−$\frac{1}{2}$(∠ABC+∠BCA)
=180°−$\frac{1}{2}$(180°−∠A)
△I_ABC で ∠BI_AC=180°−(∠I_ABC+∠I_ACB)
=180°−$\left\{\frac{1}{2}(180°−∠ABC)+\frac{1}{2}(180°−∠BCA)\right\}$
=180°−$\left\{180°−\frac{1}{2}(∠ABC+∠BCA)\right\}$=$\frac{1}{2}$(∠ABC+∠BCA)
参考 四角形 IBI_AC で ∠IBI_A=∠ICI_A=90° であるから ∠BIC+∠BI_AC=180°
よって ∠BI_AC=180°−∠BIC=180°−$\left(90°+\frac{1}{2}∠A\right)$=90°−$\frac{1}{2}$∠A
としてもよい。

問21 △ABC の重心であり，かつ垂心である点を P とし，線分 AP の延長と辺 BC との交点を M とする。P は △ABC の重心であるから，M は辺 BC の中点である。 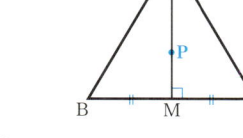
よって　BM＝MC　……①
P は △ABC の垂心であるから　AM⊥BC　……②
①，②より，AM は辺 BC の垂直二等分線であるから
AB＝AC　　同様に，BA＝BC
ゆえに，AB＝BC＝CA より，△ABC は正三角形である。
[解説] 重心は 3 本の中線の交点，垂心は 3 本の垂線の交点である。

問22 $1:2:3$
[解説] 正三角形 ABC で，辺 CA の中点を M とする。 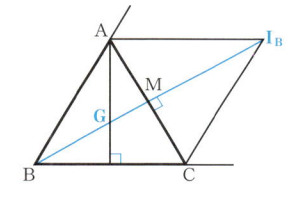
正三角形 ABC の重心を G とすると，G は △ABC の内心であり，かつ外心であるから
$r=$GM，$R=$BG　　また，BG：GM＝2：1
∠B 内の傍心を I_B とすると　$R'=I_B$M
△BCA≡△I_BCA であるから　BM＝I_BM
よって　$R'=$BM

問23 AB＝AC の二等辺三角形 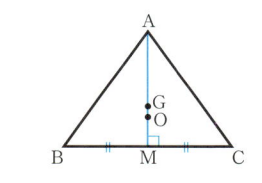
[解説] 直線 AOG は辺 BC の垂直二等分線であり，かつ中線である。辺 BC の中点を M とすると
△ABM≡△ACM より　AB＝AC

問24 線分 AD と BE の交点を G とすると，G は △ABC の重心である。
$AG=\dfrac{2}{3}AD$，$BG=\dfrac{2}{3}BE$，AD＝BE　……① より　AG＝BG
よって，△GAB は二等辺三角形であるから　∠GAB＝∠GBA　……②
△ABD と △BAE は，①，②と AB が共通であるから
△ABD≡△BAE となり，∠ABD＝∠BAE より　CB＝CA
ゆえに，△ABC は CB＝CA の二等辺三角形である。
[解説] 線分 AD と BE の交点は，△ABC の重心である。

問25 △ABI_B と △IBC について， 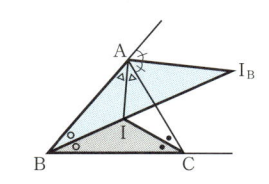
∠I_BAI＝90° であるから
∠BI_BA＝180°－90°－∠ABI－∠IAB
　　　　＝90°－(∠ABI＋∠IAB)
　　　　＝$90°-\dfrac{1}{2}(\angle ABC+\angle CAB)$
　　　　＝$90°-\dfrac{1}{2}(180°-\angle BCA)$
　　　　＝$\dfrac{1}{2}\angle BCA$
　　　　＝∠BCI
また，∠ABI_B＝∠IBC
よって　△ABI_B∽△IBC（2 角）
ゆえに　AB：BI_B＝IB：BC
すなわち　BA・BC＝BI・BI_B

問26 辺 BC の中点を M, 直線 BC と DE の交点を F とする。 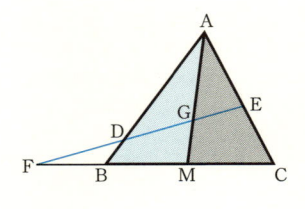
△ABM と直線 FDG で, メネラウスの定理より
$$\frac{AD}{DB} \cdot \frac{BF}{FM} \cdot \frac{MG}{GA} = 1$$
$\frac{MG}{GA} = \frac{1}{2}$ より $\frac{BD}{DA} = \frac{BF}{2FM}$

△AMC と直線 FGE で, メネラウスの定理より
$$\frac{AG}{GM} \cdot \frac{MF}{FC} \cdot \frac{CE}{EA} = 1$$
$\frac{AG}{GM} = \frac{2}{1}$ より $\frac{CE}{EA} = \frac{CF}{2FM}$

よって $\frac{BD}{DA} + \frac{CE}{EA} = \frac{BF}{2FM} + \frac{CF}{2FM} = \frac{BF+CF}{2FM}$

ところで, BM=CM より BF+CF=BF+(BF+2BM)=2(BF+BM)=2FM

ゆえに $\frac{BD}{DA} + \frac{CE}{EA} = 1$

解説 直線 BC と DE の交点を F として, メネラウスの定理を利用する。

1 (1) AI：ID=7：6, △ABI：△ABC=3：13
(2) ∠OBC=26°, ∠HBC=68°
(3) GF=$\sqrt{2}$, GH=$\frac{4}{5}\sqrt{5}$

解説 (1) I は △ABC の内心であるから
∠IAB=∠IAC, ∠IBA=∠IBC
内角の二等分線の定理より
BD：DC=AB：AC=3：4 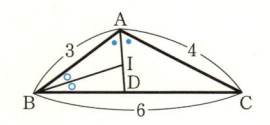
よって BD=$\frac{3}{3+4}$BC=$\frac{3}{7}\times 6=\frac{18}{7}$
ゆえに AI：ID=BA：BD=3：$\frac{18}{7}$
また, △ABI：△ABD=AI：AD=7：13
△ABD：△ABC=BD：BC=3：7

(2) ∠A=180°−∠B−∠C=180°−42°−22°=116°
OA=OB, OA=OC より
∠OAB=∠OBA, ∠OAC=∠OCA 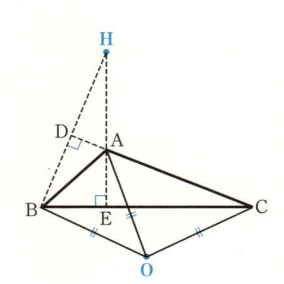
よって ∠OCA+∠CAB+∠OBA
=∠OCA+(∠OAC+∠OAB)+∠OBA
=2(∠OAC+∠OAB)=2∠A=2×116°=232°
四角形 OCAB で ∠BOC=360°−232°=128°
OB=OC より ∠OBC=$\frac{1}{2}$(180°−128°)
また, 直線 AC と HB の交点を D, 辺 BC と直線 HA の交点を E とすると,
△HBE∽△CBD であるから ∠AHB=∠BCA=22°
よって ∠HBC=90°−22°

(3) $AB:BC:CA=1:1:\sqrt{2}$ より $AC=6\sqrt{2}$
F は AC の中点で，$AC \perp BF$ であるから
$AF=BF=CF=3\sqrt{2}$
G は $\triangle ABC$ の重心であるから
$BG:GF=2:1$
よって $GF=\dfrac{1}{3}BF$
$\triangle AGF$ で，$\angle GFA=90°$ より $AG=\sqrt{AF^2+FG^2}$
$\triangle ABG$ と直線 DF について，メネラウスの定理より
$\dfrac{AD}{DB} \cdot \dfrac{BF}{FG} \cdot \dfrac{GH}{HA}=1$
よって $\dfrac{1}{2} \cdot \dfrac{3}{1} \cdot \dfrac{GH}{HA}=1$
$GH:HA=2:3$ より $GH=\dfrac{2}{5}AG$

|参考| 後半は，次のように求めてもよい。
$\triangle BFA$ で，$BG:GF=BD:DA=2:1$ より $DG \parallel AF$
よって $GH:AH=DG:AF$
ゆえに，$GH:AH=2:3$ より $GH=\dfrac{2}{5}AG$

2 $CC' \parallel AA'$ より $\dfrac{z}{x}=\dfrac{CB}{AB}$

$CC' \parallel BB'$ より $\dfrac{z}{y}=\dfrac{AC}{AB}$

ここで，$AB=CB+AC$ より
$AB=\dfrac{z}{x}AB+\dfrac{z}{y}AB$

両辺を zAB で割ると $\dfrac{1}{z}=\dfrac{1}{x}+\dfrac{1}{y}$

ゆえに $\dfrac{1}{x}+\dfrac{1}{y}=\dfrac{1}{z}$

3 $\triangle DBC$ で，DP は $\angle BDC$ の二等分線であるから $\dfrac{BP}{PC}=\dfrac{DB}{DC}$

$\triangle DCA$ で，DQ は $\angle CDA$ の二等分線であるから $\dfrac{CQ}{QA}=\dfrac{DC}{DA}$

$\triangle DAB$ で，DR は $\angle ADB$ の二等分線であるから $\dfrac{AR}{RB}=\dfrac{DA}{DB}$

よって $\dfrac{BP}{PC} \cdot \dfrac{CQ}{QA} \cdot \dfrac{AR}{RB}=\dfrac{DB}{DC} \cdot \dfrac{DC}{DA} \cdot \dfrac{DA}{DB}=1$

ゆえに $\dfrac{BP}{PC} \cdot \dfrac{CQ}{QA} \cdot \dfrac{AR}{RB}=1$

|注意| 右の図のように，点 D が $\triangle ABC$ の外部にあるときも $\dfrac{BP}{PC} \cdot \dfrac{CQ}{QA} \cdot \dfrac{AR}{RB}=1$ が成り立つ。

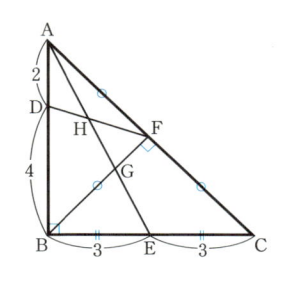

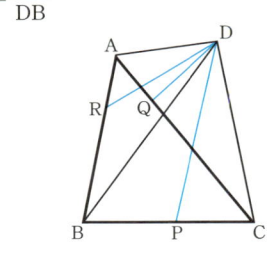

[注意] 右の図のように，線分 AP と BQ の交点を O とし，
線分 CO の延長と辺 AB との交点を R′ とすると，
チェバの定理より
$\dfrac{BP}{PC} \cdot \dfrac{CQ}{QA} \cdot \dfrac{AR'}{R'B} = 1$ であることから，
点 R と R′ は一致する。
ゆえに，線分 AP，BQ，CR は 1 点で交わる。

4 直線 BP と AC の交点を D とする。
△ABD で　AB+AD>BD
△PCD で　PD+DC>PC
よって　AB+AC=AB+AD+DC
　　　　　　　　＞BD+DC
BD+DC=BP+PD+DC>BP+PC
ゆえに　AB+AC>PB+PC ……①
△PQR で　PQ+PR>QR
よって　PQ+PR+QB+RC>QR+QB+RC
ゆえに　PB+PC>QR+QB+RC ……②
①，②より　AB+AC>QR+QB+RC
よって　AB+AC+BC>QR+QB+RC+BC
ゆえに，四角形 BCRQ の周の長さは，△ABC の周の長さより小さい。

5 $\dfrac{1}{3} < a < 1$

[解説] $a>0$ より $2a>a$ であるから，三角形の成立条件より
$2a-a<1<2a+a$　よって　$a<1<3a$

6 D, E, F はそれぞれ辺 BC, CA, AB の中点であるから
BD=DC, CE=EA, AF=FB より，
$\dfrac{BD}{DC} \cdot \dfrac{CE}{EA} \cdot \dfrac{AF}{FB} = \dfrac{BD}{BD} \cdot \dfrac{CE}{CE} \cdot \dfrac{AF}{AF} = 1$
よって　$\dfrac{BD}{DC} \cdot \dfrac{CE}{EA} \cdot \dfrac{AF}{FB} = 1$
ゆえに，チェバの定理の逆より，3 本の中線 AD, BE,
CF は 1 点で交わる。

[参考] 中線 AD, BE, CF が交わる点は，△ABC の重心である。

7 (1) 1:1　(2) 1:25　(3) 2:3　(4) 3:2

[解説] (1) △ABC と点 O で，チェバの定理より
$\dfrac{AR}{RB} \cdot \dfrac{BP}{PC} \cdot \dfrac{CQ}{QA} = 1$
よって　$\dfrac{1}{4} \cdot \dfrac{BP}{PC} \cdot \dfrac{4}{1} = 1$
ゆえに　BP:PC=1:1
RQ//BC より　RS:BP=AS:AP=SQ:PC
よって　BP:PC=RS:SQ
また，△ARS:△AQS=RS:SQ
(2) △ARQ∽△ABC より
△ARQ:△ABC=$AR^2:AB^2$

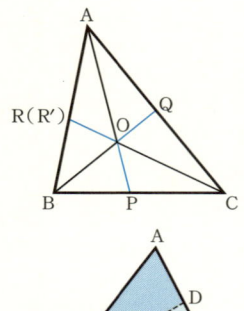

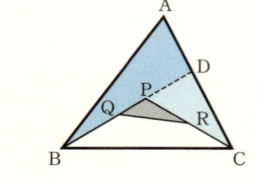

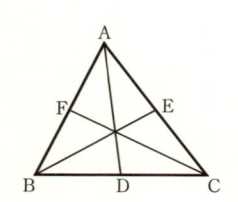

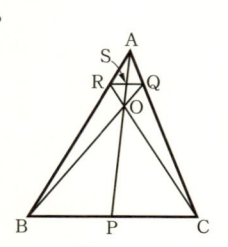

(3) △ABP と直線 RC について，メネラウスの定理より
$\dfrac{\mathrm{AR}}{\mathrm{RB}} \cdot \dfrac{\mathrm{BC}}{\mathrm{CP}} \cdot \dfrac{\mathrm{PO}}{\mathrm{OA}} = 1$
よって $\dfrac{1}{4} \cdot \dfrac{2}{1} \cdot \dfrac{\mathrm{PO}}{\mathrm{OA}} = 1$
ゆえに PO：OA＝2：1
また，△OBC：△ABC＝OP：AP
(4) RQ∥BC より AS：SP＝AR：RB＝1：4
(3)より AO：OP＝1：2
よって AS：SO＝$\dfrac{1}{5} : \left(\dfrac{1}{3} - \dfrac{1}{5}\right) = 3 : 2$
また，△ARQ：△OQR＝AS：SO

別解 (1) △ARQ と点 O で，チェバの定理より
$\dfrac{\mathrm{AB}}{\mathrm{BR}} \cdot \dfrac{\mathrm{RS}}{\mathrm{SQ}} \cdot \dfrac{\mathrm{QC}}{\mathrm{CA}} = 1$
よって $\dfrac{5}{4} \cdot \dfrac{\mathrm{RS}}{\mathrm{SQ}} \cdot \dfrac{4}{5} = 1$
ゆえに RS：SQ＝1：1
としてもよい。

8 AB∥ED より CE：EA＝CD：DB＝a：1
AC∥FD より BF：FA＝BD：DC＝1：a
△AFE と点 P で，チェバの定理より $\dfrac{\mathrm{FQ}}{\mathrm{QE}} \cdot \dfrac{\mathrm{EC}}{\mathrm{CA}} \cdot \dfrac{\mathrm{AB}}{\mathrm{BF}} = 1$
よって $\dfrac{\mathrm{FQ}}{\mathrm{QE}} \cdot \dfrac{a}{a+1} \cdot \dfrac{a+1}{1} = 1$ FQ：QE＝1：a
ゆえに，点 Q は FE を 1：a に内分する。

9 $\dfrac{m-n}{n}$

解説 △ABC と直線 MP について，メネラウスの定理より
$\dfrac{\mathrm{BQ}}{\mathrm{QC}} \cdot \dfrac{\mathrm{CP}}{\mathrm{PA}} \cdot \dfrac{\mathrm{AM}}{\mathrm{MB}} = 1$
よって $\dfrac{\mathrm{BQ}}{\mathrm{QC}} \cdot \dfrac{n}{m} \cdot \dfrac{1}{1} = 1$
ゆえに，BQ：QC＝m：n より BC：CQ＝$(m-n)$：n
また，△ABQ と点 P について，チェバの定理より
$\dfrac{\mathrm{BC}}{\mathrm{CQ}} \cdot \dfrac{\mathrm{QR}}{\mathrm{RA}} \cdot \dfrac{\mathrm{AM}}{\mathrm{MB}} = 1$
よって $\dfrac{m-n}{n} \cdot \dfrac{\mathrm{QR}}{\mathrm{RA}} \cdot \dfrac{1}{1} = 1$
ゆえに QR：RA＝n：$(m-n)$
M は辺 AB の中点であるから △QAP＝△QBP
△PBC＝$\dfrac{\mathrm{BC}}{\mathrm{BQ}}$△QBP＝$\dfrac{m-n}{m}$△QBP
△PQR＝$\dfrac{\mathrm{QR}}{\mathrm{QA}}$△QAP＝$\dfrac{n}{m}$△QAP

10 辺 BC の中点 D から直線 ℓ に垂線 DQ をひく。
台形 CBMN で，線分 DQ と BN の交点を E とする。
CN ∥ DQ ∥ BM より

$DE = \dfrac{1}{2}CN$, $EQ = \dfrac{1}{2}BM$

よって $DQ = DE + EQ = \dfrac{1}{2}(BM + CN)$ ……①

台形 ADQL で，線分 GP と DL の交点を F とする。
AL ∥ GP ∥ DQ, AG : GD = 2 : 1 より

$GF = \dfrac{1}{3}AL$, $FP = \dfrac{2}{3}DQ$

よって $GP = GF + FP = \dfrac{1}{3}(AL + 2DQ)$ ……②

①，② より $3GP = AL + 2DQ = AL + 2 \times \dfrac{1}{2}(BM + CN)$

ゆえに $AL + BM + CN = 3GP$

11 (1) $90°$
(2) 線分 AP の延長と，辺 BC との交点を D とする。
△PAB と △PAC において，
$S_{AB} = S_{CA}$ であり，辺 AP を共有するから
$BD = CD$
よって，AP は △ABC の中線である。
同様に，BP，CP も △ABC の中線である。
ゆえに，点 P は △ABC の重心である。

[解説] (1) 点 P は △ABC の内心であるから，内接円の半径を r とすると

$S_{AB} = \dfrac{1}{2} \cdot AB \cdot r$, $S_{BC} = \dfrac{1}{2} \cdot BC \cdot r$, $S_{CA} = \dfrac{1}{2} \cdot CA \cdot r$

$S^2_{AB} + S^2_{CA} = S^2_{BC}$ より $AB^2 + CA^2 = BC^2$

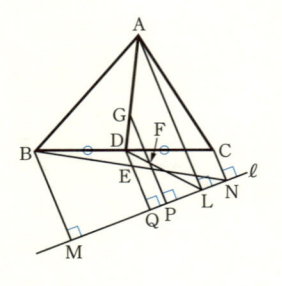

2章 円の性質

問1 (1) △OBP で，OP＝OB（円の半径）より
　　　∠OPB＝∠OBP
　　　また，∠AOB＝∠OPB＋∠OBP
　　　よって　∠AOB＝2∠OPB
　　　ゆえに　∠APB＝$\frac{1}{2}$∠AOB

(2) (1)より　∠QPA＝$\frac{1}{2}$∠QOA，∠QPB＝$\frac{1}{2}$∠QOB

　　よって　∠APB＝∠QPB－∠QPA＝$\frac{1}{2}$（∠QOB－∠QOA）＝$\frac{1}{2}$∠AOB

　　ゆえに　∠APB＝$\frac{1}{2}$∠AOB

問2 (1) $x=40$　(2) $x=47$　(3) $x=28$
　　[解説] (1) ∠APB＝$\frac{1}{2}$∠AOB　(2) ∠ACB＝90°，∠ABD＝∠ACD
　　(3) ∠APB＝90°，∠APD＝∠ABD＝70°，∠CPB＝∠CAB＝48°

問3 (1) 内部　(2) 外部
　　[解説] (1) ∠APB＝90°　　(2) ∠APB＝30°

問4 ①，③
　　[解説] ③ ∠ADB＝180°－92°－38°＝50°

問5 O は △ABC の外接円の中心であるから
　　∠BOC＝2∠BAC＝120°
　　I は △ABC の内心であるから
　　∠BIC＝180°－$\frac{1}{2}$（∠ABC＋∠BCA）＝180°－$\frac{1}{2}$（180°－60°）＝120°
　　よって　∠BOC＝∠BIC
　　ゆえに，4点 B，C，I，O は同一円周上にある。
　　[解説] 内心 I は 3 つの角の二等分線の交点であるから
　　∠IBC＝$\frac{1}{2}$∠ABC，∠ICB＝$\frac{1}{2}$∠ACB

問6 (1) $x=72$　(2) $x=62$　(3) $x=110$
　　[解説] (1) $x°=180°－∠A$
　　＝180°－（180°－∠ABD－∠BDA）＝∠ABD＋∠BDA＝30°＋42°
　　(2) ∠ABC＝∠EDC＝$x°$
　　(3) ∠AOC＝180°－2∠OAC＝140°，∠ADC＝$\frac{1}{2}$∠AOC＝70°
　　ゆえに　$x°$＝∠ABC＝180°－∠ADC
　　または，$\overset{\frown}{\text{ADC}}$ に対する中心角が 360°－140°＝220° であることから，
　　∠ABC＝$\frac{1}{2}$×220° としてもよい。

問7 $\angle A = \dfrac{1}{2}(-p-q+180)°$, $\angle B = \dfrac{1}{2}(p-q+180)°$, $\angle C = \dfrac{1}{2}(p+q+180)°$,

$\angle D = \dfrac{1}{2}(-p+q+180)°$

解説 $\angle A = a°$ とすると,
四角形 ABCD は円に内接するから $\angle DCF = \angle BCE = a°$
△DCF で $\angle CDA = a° + q$
△CBE で $\angle CBA = a° + p$
$\angle CDA + \angle CBA = 180°$ より $(a° + q°) + (a° + p°) = 180°$
また, $\angle BCD = 180° - a°$
参考 $\angle A = a°$, $\angle B = b°$, $\angle D = d°$ とする。
△AED で $a + d + p = 180$ ……①
△ABF で $a + b + q = 180$ ……②
四角形 ABCD は円に内接するから $b + d = 180$ ……③
①, ②, ③ より a, b, d を p, q で表してもよい。

問8 (1) 四角形 AKMB は円に内接するから $\angle AKM = \angle ABN$
四角形 ABNL は円に内接するから $\angle ABN + \angle ALN = 180°$
よって $\angle AKM + \angle ALN = 180°$
ゆえに, 同側内角の和が $180°$ であるから KM∥LN
(2) 四角形 AKMB は円に内接するから $\angle AKM = \angle ABN$
$\angle ABN = \angle ALN$ ($\overset{\frown}{AN}$ に対する円周角)
よって $\angle AKM = \angle ALN$
ゆえに, 錯角が等しいから KM∥LN
解説 (1), (2) 四角形 AKMB は円に内接するから $\angle AKM = \angle ABN$

問9 ①, ③
解説 ① $\angle ABC = 180° - 97° - 43° = 40°$
② $\angle BAD + \angle BCD = 200°$
③ $\angle ACB = 92° - 46° = 46°$

問10 (1) H は △ABC の垂心であるから $\angle HDC = 90°$, $\angle HEC = 90°$
$\angle HDC + \angle HEC = 180°$ より, 四角形 HDCE は円に内接する。
(2) H は △ABC の垂心であるから
$\angle ADB = \angle AEB = 90°$ より, 四角形 ABDE は円に内接する。
解説 H は垂心であるから AD⊥BC, BE⊥CA

問11 四角形 ABCD は円に内接するから $\angle DAB + \angle BCD = 180°$
ED∥BC より $\angle CDE + \angle BCD = 180°$
よって $\angle DAB = \angle CDE$ ……①
AD∥FC より $\angle DAB = \angle CFB$ ……②
①, ②より $\angle CDE = \angle CFB$
ゆえに, 四角形 CDEF は円に内接する。

問12 (1) $x = 126$ (2) $x = 46$ (3) $x = 39$
解説 (1) $\angle ABC = \angle SAC = 63°$
(2) 線分 OT と円との交点を C とすると $\angle BAC = 90°$, $\angle ACB = 68°$
(3) $\angle BAT = 75°$　$\angle ABT = 180° - \angle BAT - \angle ATB$

問13 四角形 BPAC は円 O に内接するから　∠BPA=180°−∠ACB ……①
また，∠BAT=180°−∠SAB ……②
①，②と仮定 ∠BAT=∠BPA より　∠SAB=∠ACB
∠BAT が鈍角であるから，∠SAB は鋭角である。
よって，接弦定理の逆の証明の(i)より直線 ST は点 A で円 O に接する。
[解説] 接弦定理の逆の定理の証明の(i)より　∠SAB=∠ACB が成り立てば，ST は円 O の接線である。

問14 (1) AB=AC より　∠ABC=∠BCA ……①
BC∥EF より　∠BCE=∠FEC（錯角）
$\stackrel{\frown}{AC}$ に対する円周角より　∠ABC=∠ADC
よって　∠CEF=∠CDF
ゆえに，4 点 C, D, E, F は同一円周上にある。
(2) (1)より
$\stackrel{\frown}{EF}$ に対する円周角より　∠ECF=∠EDF ……②
四角形 ADBC は円 O に内接するから　∠EDF=∠BCA ……③
①，②，③より　∠ECF=∠ABC
ゆえに，接弦定理の逆より，CF は円 O の接線である。
[参考] (1)の証明から「$\stackrel{\frown}{AB}=\stackrel{\frown}{AC}$ ⇒ AD は ∠EDC の二等分線である」ことがわかる。
これは，本文 p.47 のコラムの②の逆である。

問15 (1) $x=\dfrac{7}{3}$　(2) $x=\dfrac{7}{2}$
[解説] 方べきの定理より，PA·PB=PC·PD であるから
(1) $2×7=x×6$　(2) $4(4+x)=3×10$

問16 (1) $x=6$　(2) $x=2$
[解説] 方べきの定理より，PA·PB=PT^2 であるから
(1) $3(3+9)=x^2$　(2) $x(x+6)=4^2$

問17 (1) 点 B と P を結ぶ。AB は円 O の直径であるから　∠QPB=90°
また，∠QOB=90° であるから，
∠QPB+∠QOB=180° より 4 点 P, Q, O, B は同一円周上にある。
(2) (1)より，4 点 P, Q, O, B は同一円周上にあるから，
方べきの定理より　AP·AQ=AB·AO ……①
また，AB=2AO ……②
①，②より　AP·AQ=2AO^2
[解説] (2) 点 A と 4 点 P, Q, O, B を通る円について，方べきの定理を利用する。

問18 $\stackrel{\frown}{BC}=\stackrel{\frown}{CD}$ より　∠CAB=∠DBC
接弦定理の逆より，BC は △ABE の外接円の接線である。
よって，方べきの定理より　CB^2=CE·CA
$\stackrel{\frown}{AB}=\stackrel{\frown}{BC}$ より　AB=BC
ゆえに　AB^2=AC·CE
[参考] 点 A と D を結ぶと，$\stackrel{\frown}{BC}=\stackrel{\frown}{CD}$ より　∠BDC=∠CAD
よって，CD は △AED の外接円の接線であるから，
方べきの定理より CD^2=CE·CA　　AB=CD より，AB^2=AC·CE としてもよい。
[解説] BC が △ABE の外接円の接線であることを示し，その外接円について方べきの定理を利用する。

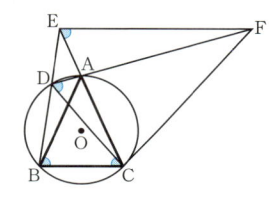

問19 $AD \cdot AB = 1 \cdot \dfrac{18}{5} = \dfrac{18}{5}$　　$AE \cdot AC = \dfrac{6}{5} \cdot 3 = \dfrac{18}{5}$
　　　よって　$AD \cdot AB = AE \cdot AC$
　　　方べきの定理の逆より，4点 D，B，C，E は同一円周上にあるから，四角形 DBCE
　　　は円に内接する。
　　　解説　$AD \cdot AB = AE \cdot AC$ が成り立つことを示す。

問20　$PB \cdot PA = 1 \cdot 3 = 3$，$PC^2 = (\sqrt{3})^2 = 3$　より　$PB \cdot PA = PC^2$
　　　ゆえに，方べきの定理の逆より，PC は △ABC の外接円に接する。
　　　解説　$PB \cdot PA = PC^2$ が成り立つことを示す。

問21　円 O において，方べきの定理から　$PA \cdot PB = PM \cdot PN$　……①
　　　円 O′ において，方べきの定理から　$PC \cdot PD = PM \cdot PN$　……②
　　　①，② より　$PA \cdot PB = PC \cdot PD$
　　　ゆえに，方べきの定理の逆より，4点 A，B，C，D は同一円周上にある。
　　　解説　$PA \cdot PB = PC \cdot PD$ が成り立つことを示す。

問22　(1) 内接する　(2) 2点で交わる　(3) 外接する　(4) 一方が他方を含む
　　　(5) 互いに外部にある
　　　解説　(1) $d = r - r'$　(2) $r - r' < d < r + r'$
　　　(3) $d = r + r'$　(4) $d < r - r'$　(5) $d > r + r'$

問23　共通外接線 $4\sqrt{6}$，共通内接線 6
　　　解説　$OO' > r + r'$ であるから，右の図のように2円
　　　O，O′ は互いに外部にある。
　　　共通外接線　$AA' = \sqrt{10^2 - (5-3)^2}$
　　　共通内接線　$BB' = \sqrt{10^2 - (5+3)^2}$

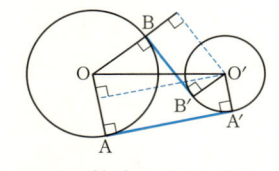

問24　P は2つの円の接点である。また，右の図のように，円 O，円 O′ の接線を ST とする。
　　　円 O において，接弦定理より　$\angle ACP = \angle APS$
　　　円 O′ において，接弦定理より　$\angle BDP = \angle BPT$
　　　対頂角は等しいから　$\angle APS = \angle BPT$
　　　よって　$\angle ACP = \angle BDP$
　　　ゆえに，錯角が等しいから　$AC \parallel BD$
　　　解説　2つの円の共通内接線をひき，接弦定理を利用する。

問25　① O を中心とし，半径が $r + r'$ の円をかく。
　　　② OO′ を直径とする円をかき，①の円との交点を B，B′
　　　とする。
　　　③ 線分 OB，OB′ と円 O との交点をそれぞれ A，C とす
　　　る。
　　　④ 点 O′ を通り線分 OA，OC にそれぞれ平行な直線をひき，
　　　円 O′ との交点のうち，直線 OO′ について点 A，C と
　　　反対側の点をそれぞれ A′，C′ とし，A と A′，C と C′ を通る直線をそれぞれひく。
　　　直線 AA′，CC′ が円 O，O′ の共通内接線である。
　　　参考　④を「点 A，C を通り，それぞれ線分 OA，OC に垂直な直線をひき，円 O′ と
　　　の接点をそれぞれ A′，C′ とする」または「点 A，C を通り，それぞれ線分 BO′，
　　　B′O′ に平行な直線をひき，円 O′ との接点をそれぞれ A′，C′ とする」としてもよい。
　　　解説　中心が O で，半径が $r + r'$ の円に，円 O′ の中心からひいた接線を利用する。
　　　その接点を B とすると，△OO′B は $\angle OBO' = 90°$ の直角三角形である。

問26 ① Aを中心とし，半径 r の円をかく。
② Oを中心とし，半径 $R-r$ の円をかく。
③ ①の円と②の円との2つの交点のうちの1つをPとする。
④ Pを中心とする半径 r の円をかく。
[解説] 円Pの中心は，点Aから r，点Oから $R-r$ の距離にある。

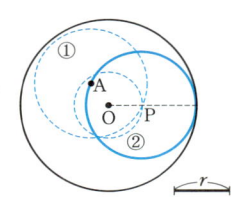

1 $\angle\mathrm{FDE}=57°$，$\angle\mathrm{DEF}=78.5°$，$\angle\mathrm{EFD}=44.5°$
[解説] $\angle\mathrm{ACB}=180°-48°-57°=75°$
$\angle\mathrm{ADF}=\angle\mathrm{ACF}=\dfrac{1}{3}\angle\mathrm{BCA}=25°$
$\angle\mathrm{ADE}=\angle\mathrm{ABE}=\dfrac{2}{3}\angle\mathrm{ABC}=32°$
よって $\angle\mathrm{FDE}=\angle\mathrm{ADF}+\angle\mathrm{ADE}=25°+32°$
同様に $\angle\mathrm{DEF}=\angle\mathrm{BEF}+\angle\mathrm{DEB}=\angle\mathrm{BCF}+\angle\mathrm{DAB}=\dfrac{2}{3}\angle\mathrm{BCA}+\dfrac{1}{2}\angle\mathrm{CAB}$

2 (1) $\mathrm{AC}\perp\mathrm{BD}$ より $\angle\mathrm{CPQ}+\angle\mathrm{DPQ}=90°$ ……①
$\mathrm{PQ}\perp\mathrm{CD}$ より $\angle\mathrm{PDQ}+\angle\mathrm{DPQ}=90°$ ……②
ゆえに，①，②より $\angle\mathrm{CPQ}=\angle\mathrm{PDQ}$
(2) $\overset{\frown}{\mathrm{BC}}$ に対する円周角より $\angle\mathrm{RAP}=\angle\mathrm{PDQ}$
対頂角が等しいから $\angle\mathrm{CPQ}=\angle\mathrm{RPA}$
(1)より $\angle\mathrm{CPQ}=\angle\mathrm{PDQ}$
よって $\angle\mathrm{RAP}=\angle\mathrm{RPA}$
ゆえに $\mathrm{RP}=\mathrm{RA}$
(3) (1)，(2)と同様に $\mathrm{RP}=\mathrm{RB}$
ゆえに，$\mathrm{RA}=\mathrm{RB}$ より，Rは線分 AB の中点である。

3 $60°$
[解説] $\angle\mathrm{BAC}=x°$，$\angle\mathrm{ACD}=y°$ とおくと
$\angle\mathrm{AEB}=4y°$，$\angle\mathrm{ABE}=2y°$
$\triangle\mathrm{ABE}$ で $x°+2y°+4y°=180°$
よって $x+6y=180$ ……①
$\triangle\mathrm{ADC}$ で $\angle\mathrm{ADC}=180°-x°-y°$
4点 A，D，E，F は同一円周上にあるから
$4y°+(180°-x°-y°)=180°$
よって $x=3y$ ……②
①，②より，x，y の値を求める。

4 点Pと D，点Pと E，点Pと F を結ぶ。
四角形 FBDP は円に内接するから $\angle\mathrm{BDP}=\angle\mathrm{AFP}$
四角形 PDCE は円に内接するから $\angle\mathrm{CEP}=\angle\mathrm{BDP}$
よって $\angle\mathrm{AFP}=\angle\mathrm{CEP}$
ゆえに，4点 A，F，P，E は同一円周上にある。

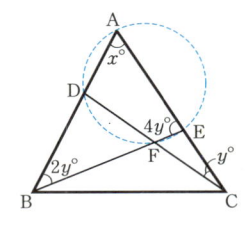

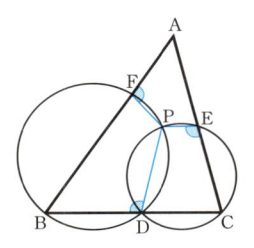

5 7

解説 ∠DAC＝∠DBC より，四角形 ABCD は円に内接する。
方べきの定理より　PA・PC＝PB・PD
$2 \cdot 6 = PB \cdot 4$
よって　PB＝3

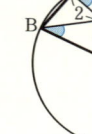

6 △ABC と △ACE において，
$\stackrel{\frown}{BC} = \stackrel{\frown}{CD}$ より　∠CAB＝∠EAC
線分 CE は点 C で円に接するから，接弦定理より　∠ABC＝∠ACE
よって　△ABC∽△ACE（2角）　ゆえに　∠ACB＝∠AEC
解説 △ABC∽△ACE であることを示す。

7 (1) $\sqrt{5}$　(2) $\dfrac{2}{5}$　(3) $\dfrac{5\sqrt{5}}{4}$

解説 (1) 方べきの定理より，CE・CB＝CA・CD であるから
$CE \cdot \sqrt{5} = 5 \cdot 2$
(2) (1)より G は線分 AB 上にあり　AG：GB＝2：1
$\triangle AGD = \dfrac{AG}{AB} \cdot \dfrac{AD}{AC} \triangle ABC = \dfrac{2}{3} \cdot \dfrac{3}{5} \triangle ABC$ ……（＊）
(3) △ABC と △EDC で，
$\stackrel{\frown}{BD}$ の円周角より　∠CAB＝∠CED
∠ACB と ∠ECD は共通であるから
△ABC∽△EDC
よって　ED＝EC＝$2\sqrt{5}$
また，△EDC と線分 APB で，メネラウスの定理より
$\dfrac{EB}{BC} \cdot \dfrac{CA}{AD} \cdot \dfrac{DP}{PE} = 1$ であるから　$\dfrac{\sqrt{5}}{\sqrt{5}} \cdot \dfrac{5}{3} \cdot \dfrac{DP}{PE} = 1$
よって　DP：PE＝3：5
注意 （＊）　右の図で，△ABC の辺 AB，AC，または
その延長上にそれぞれ点 D，E をとると
$\dfrac{\triangle ADE}{\triangle ABC} = \dfrac{AD \cdot AE}{AB \cdot AC}$ が成り立つ。
この等式は $\triangle ADE = \dfrac{AE}{AC} \triangle ADC = \dfrac{AE}{AC} \cdot \dfrac{AD}{AB} \triangle ABC$
から示すことができる。

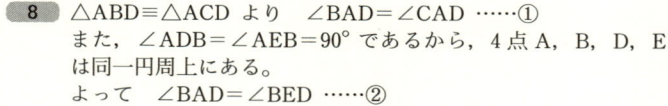

8 △ABD≡△ACD より　∠BAD＝∠CAD　……①
また，∠ADB＝∠AEB＝90° であるから，4点 A，B，D，E
は同一円周上にある。
よって　∠BAD＝∠BED　……②
①，②より　∠CAD＝∠BED
ゆえに，接弦定理の逆より，DE は △AHE の外接円の接線で
ある。

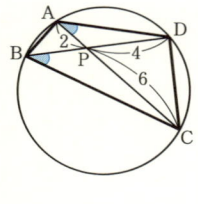

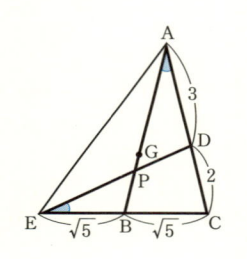

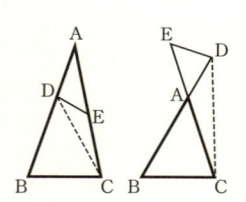

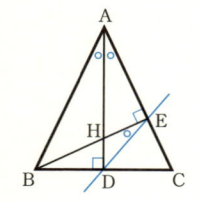

9 $\dfrac{r}{4}$

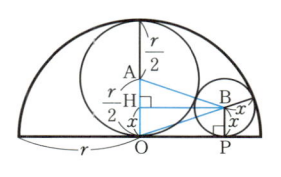

解説 右の図のように,点 A と O,点 A と B,点 B と O を結び,B から線分 AO に垂線 BH をひく。

円 B の半径を x とすると,円 A の半径は $\dfrac{r}{2}$ であるから,$AH=\dfrac{r}{2}-x$,$AB=\dfrac{r}{2}+x$ より,

△AHB で $HB^2=BA^2-AH^2=\left(\dfrac{r}{2}+x\right)^2-\left(\dfrac{r}{2}-x\right)^2=2rx$

$OB=r-x$,$OH=x$ より,△HOB で $HB^2=BO^2-OH^2=(r-x)^2-x^2=r^2-2rx$

10 $x=\dfrac{\sqrt{3}}{3}$,$y=\dfrac{\sqrt{3}}{9}$

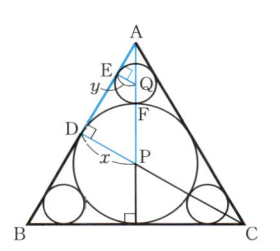

解説 右の図のように,点 A と P を結ぶ直線をひき,円 P,Q と辺 AB との接点をそれぞれ D,E とし,円 P と Q の接点を F とする。
△APD は 30°,60°,90° の直角三角形で,
$AD=\dfrac{1}{2}AB=1$ より

$x=PD=\dfrac{1}{\sqrt{3}}AD=\dfrac{\sqrt{3}}{3}$,$AP=\dfrac{2}{\sqrt{3}}AD=\dfrac{2\sqrt{3}}{3}$

また,△AQE も 30°,60°,90° の直角三角形であるから $AQ=2QE=2y$
よって $AP=AQ+QF+FP=2y+y+x=x+3y$

11 (1) 点 B と Q を結ぶ。$\overset{\frown}{AQ}$ に対する円周角より $\angle ABQ=\angle APQ$ 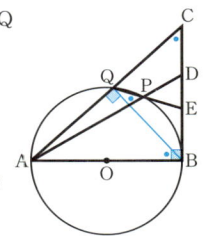
また,$\angle ABC=\angle AQB=90°$ であるから
$\angle ABQ+\angle BAC=\angle ACB+\angle BAC$
よって $\angle ABQ=\angle ACB$
ゆえに $\angle ACB=\angle APQ$
よって,四角形 PDCQ は円に内接する。

(2) (1)より四角形 PDCQ は円に内接するから,方べきの定理より
$ED\cdot EC=EP\cdot EQ$ ……①
また,円 O と接線 EB に対して方べきの定理より
$EB^2=EP\cdot EQ$ ……②
①,②より $EC\cdot ED=EB^2$

(3) (2)より $\dfrac{1}{BC}+\dfrac{1}{BD}=\dfrac{1}{BE+EC}+\dfrac{1}{BE+ED}=\dfrac{2BE+EC+ED}{(BE+EC)(BE+ED)}$

$=\dfrac{2BE+EC+ED}{BE^2+BE(EC+ED)+EC\cdot ED}=\dfrac{2BE+EC+ED}{BE^2+BE(EC+ED)+BE^2}$

$=\dfrac{2BE+EC+ED}{BE(2BE+EC+ED)}=\dfrac{1}{BE}$

ゆえに $\dfrac{1}{BC}+\dfrac{1}{BD}=\dfrac{1}{BE}$

3章 三角比

問1 $\sin A = \dfrac{8}{17}$, $\cos A = \dfrac{15}{17}$, $\tan A = \dfrac{8}{15}$

解説 $AB = \sqrt{CA^2 - BC^2} = \sqrt{17^2 - 8^2} = 15$

問2 (1) 1 (2) 0 (3) 0

解説 (1) (与式) $= \dfrac{\sqrt{3}}{2} \cdot \dfrac{\sqrt{3}}{2} + \dfrac{1}{2} \cdot \dfrac{1}{2}$

(2) (与式) $= \dfrac{\sqrt{2}}{2} \cdot \dfrac{1}{2} - \dfrac{\sqrt{2}}{2} \cdot \dfrac{1}{2}$

(3) (与式) $= 1 - \dfrac{1}{\sqrt{3}} \cdot \sqrt{3}$

問3 (1) 30° (2) $AB = 2 + \sqrt{3}$, $CA = \sqrt{6} + \sqrt{2}$

(3) $\sin 15° = \dfrac{\sqrt{6} - \sqrt{2}}{4}$, $\cos 15° = \dfrac{\sqrt{6} + \sqrt{2}}{4}$

解説 (1) $\angle CDB = \angle DCA + \angle DAC$
また, $\angle DCA = \angle DAC$
(2) △DBC で $DC = 2$, $DB = \sqrt{3}$
また, $DA = DC$, $AB = AD + DB$ より $AB = DC + DB$
また, $CA = \sqrt{AB^2 + BC^2} = \sqrt{8 + 4\sqrt{3}} = \sqrt{8 + 2\sqrt{12}}$
(3) $\sin 15° = \dfrac{BC}{CA}$, $\cos 15° = \dfrac{AB}{CA}$

参考 本文巻末の三角比の表を利用すると, $\sin 15° = 0.2588$, $\cos 15° = 0.9659$ である.

問4 (1) $\tan A + \dfrac{1}{\tan A} = \dfrac{\sin A}{\cos A} + \dfrac{\cos A}{\sin A} = \dfrac{\sin^2 A + \cos^2 A}{\sin A \cos A} = \dfrac{1}{\sin A \cos A}$

(2) $\tan^2 A - \sin^2 A = \tan^2 A \left(1 - \dfrac{\sin^2 A}{\tan^2 A}\right) = \tan^2 A (1 - \cos^2 A) = \tan^2 A \sin^2 A$

別解 (2) $\tan^2 A - \sin^2 A = \dfrac{\sin^2 A}{\cos^2 A} - \sin^2 A = \left(\dfrac{1}{\cos^2 A} - 1\right) \sin^2 A = \tan^2 A \sin^2 A$

問5 (1) $\cos 24°$ (2) $\sin 3°$ (3) $\dfrac{1}{\tan 18°}$

解説 (1) $\sin 66° = \sin(90° - 24°)$ (2) $\cos 87° = \cos(90° - 3°)$
(3) $\tan 72° = \tan(90° - 18°)$

問6 $\sin 135° = \dfrac{1}{\sqrt{2}}$, $\cos 135° = -\dfrac{1}{\sqrt{2}}$, $\tan 135° = -1$

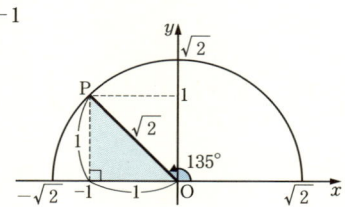

解説 右の図で, $P(-1, 1)$

問7 (1) $\theta=30°,\ 150°$ (2) $\theta=135°$ (3) $\theta=150°$

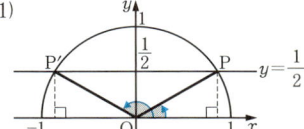

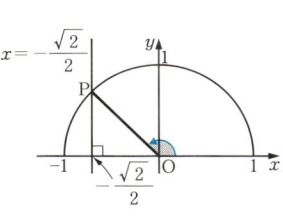

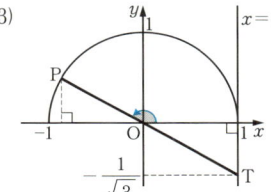

解説 (1), (2), (3) 図略

問8 $\theta=135°$

解説 $\tan\theta=-1$

問9 (1) $\cos\theta=\pm\dfrac{\sqrt{11}}{6}$, $\tan\theta=\pm\dfrac{5\sqrt{11}}{11}$ （複号同順） (2) $\sin\theta=\dfrac{\sqrt{7}}{4}$, $\tan\theta=\dfrac{\sqrt{7}}{3}$

(3) $\sin\theta=\dfrac{2\sqrt{5}}{5}$, $\cos\theta=-\dfrac{\sqrt{5}}{5}$

解説 (1) $\cos^2\theta=1-\sin^2\theta$　θ が鋭角のときは $\cos\theta>0$　　θ が鈍角のときは $\cos\theta<0$　(2) $\sin\theta\geqq 0$ より　$\sin\theta=\sqrt{1-\cos^2\theta}$

(3) θ が鈍角であるから $\cos\theta<0$　よって　$\cos\theta=-\sqrt{\dfrac{1}{1+\tan^2\theta}}$

また, $\sin\theta=\tan\theta\cos\theta$

問10 （左辺）$=(1+\sin\theta+\cos\theta)^2$
$=1+\sin^2\theta+\cos^2\theta+2\sin\theta+2\cos\theta+2\sin\theta\cos\theta$
$=2(1+\sin\theta+\cos\theta+\sin\theta\cos\theta)$
$=2(1+\sin\theta)(1+\cos\theta)=$（右辺）

解説 $(a+b+c)^2=a^2+b^2+c^2+2ab+2bc+2ca$ を利用する。

1 (1) $\dfrac{\sqrt{5}+1}{2}$ (2) $\cos 72°=\dfrac{\sqrt{5}-1}{4}$, $\cos 36°=\dfrac{\sqrt{5}+1}{4}$

解説 (1) $\angle B=\angle C=\dfrac{1}{2}(180°-36°)=72°$ より　$\angle DBA=\angle DBC=36°$

$\angle BDC=180°-\angle DBC-\angle ACB=180°-36°-72°=72°$
よって　$AD=BD=BC=1$
BD は $\angle B$ の二等分線であるから,
角の二等分線の定理より　$AB:BC=AD:DC$
$AB=x$ とおくと　$x:1=1:(x-1)$

(2) 辺 BC の中点を M とすると　$\angle AMB=90°$
$\cos B=\cos 72°=\dfrac{BM}{AB}$　　点 D から辺 AB に垂線 DH を下ろすと　$AH=BH$
$\cos A=\cos 36°=\dfrac{AH}{AD}$

参考 本文巻末の三角比の表を利用すると, $\cos 72°\fallingdotseq 0.3090$, $\cos 36°\fallingdotseq 0.8090$ である。

2 (1) 1 (2) $\dfrac{5}{2}$

　　解説 (1) $\cos 63° = \cos(90°-27°) = \sin 27°$, $\sin 63° = \sin(90°-27°) = \cos 27°$
　　(2) $\sin 65° = \sin(90°-25°) = \cos 25°$, $\sin 55° = \sin(90°-35°) = \cos 35°$,
　　$\sin 45° = \dfrac{1}{\sqrt{2}}$

3 $\sin^2\theta + \cos^2\theta = 1$ の両辺を $\sin^2\theta$ で割ると $1 + \dfrac{\cos^2\theta}{\sin^2\theta} = \dfrac{1}{\sin^2\theta}$

　　$\tan\theta = \dfrac{\sin\theta}{\cos\theta}$ より $1 + \dfrac{1}{\tan^2\theta} = \dfrac{1}{\sin^2\theta}$

　　注意 この等式を公式として利用する場合もある。

4 (1) $\sqrt{1-a^2}$ (2) $\dfrac{a}{\sqrt{1-a^2}}$ (3) a (4) $-\dfrac{\sqrt{1-a^2}}{a}$

　　解説 (1) $\cos 21° > 0$ より $\cos 21° = \sqrt{1-\sin^2 21°}$　(2) $\tan 21° = \dfrac{\sin 21°}{\cos 21°}$
　　(3) $\sin 159° = \sin(180°-21°) = \sin 21°$
　　(4) $\tan 111° = \tan(180°-69°) = -\tan 69° = -\tan(90°-21°) = -\dfrac{1}{\tan 21°}$

5 (1) $-\dfrac{12}{25}$ (2) $\dfrac{37}{125}$

　　解説 (1) $(\sin\theta + \cos\theta)^2 = \sin^2\theta + 2\sin\theta\cos\theta + \cos^2\theta = 1 + 2\sin\theta\cos\theta$
　　(2) $\sin^3\theta + \cos^3\theta = (\sin\theta + \cos\theta)(\sin^2\theta - \sin\theta\cos\theta + \cos^2\theta)$
　　$= (\sin\theta + \cos\theta)(1 - \sin\theta\cos\theta)$

6 (1) $A+B+C=180°$ より
　　$\sin(B+C) = \sin(180°-A) = \sin A$
　　(2) $A+B+C=180°$ より
　　$\cos\dfrac{B+C}{2} = \cos\dfrac{180°-A}{2} = \cos\left(90°-\dfrac{A}{2}\right) = \sin\dfrac{A}{2}$
　　(3) $\tan\dfrac{A}{2}\tan\dfrac{B+C}{2} = \tan\dfrac{A}{2}\tan\left(90°-\dfrac{A}{2}\right) = \tan\dfrac{A}{2}\cdot\dfrac{1}{\tan\dfrac{A}{2}} = 1$

7 (1) $\theta = 60°, 120°$ (2) $\theta = 30°, 90°, 150°$

　　解説 (1) $(2\cos\theta+1)(2\cos\theta-1) = 0$ より $\cos\theta = \pm\dfrac{1}{2}$
　　(2) $\cos^2\theta = 1 - \sin^2\theta$ より $2(1-\sin^2\theta) + 3\sin\theta - 3 = 0$
　　整理して $2\sin^2\theta - 3\sin\theta + 1 = 0$　$(2\sin\theta-1)(\sin\theta-1) = 0$
　　よって $\sin\theta = \dfrac{1}{2}, 1$

8 $75°$

　　解説 2直線 $y = \sqrt{3}\,x$ と $y = -x$ のなす角は求める θ と等しい。
　　$y = \sqrt{3}\,x$, $y = -x$ と x 軸の正の向きとのなす角を、それぞれ α, β とすると
　　$\tan\alpha = \sqrt{3}$, $\tan\beta = -1$　このとき $\theta = \beta - \alpha$

問11 (1) $4:5:6$ (2) $3\sqrt{6}$ (3) $90°$

[解説] (1) $a:b:c = \sin A:\sin B:\sin C$

(2) 正弦定理より $\dfrac{b}{\sin B}=\dfrac{c}{\sin C}$ よって $b=\dfrac{6}{\sin 45°}\cdot \sin 60°$

(3) 正弦定理より $\sin A=\dfrac{a}{2R}$, $\sin B=\dfrac{b}{2R}$, $\sin C=\dfrac{c}{2R}$

$\sin^2 A+\sin^2 B=\sin^2 C$ に代入すると $a^2+b^2=c^2$

問12 (1) $\dfrac{2\sqrt{3}}{3}$ (2) $30°,\ 150°$

[解説] (1) 正弦定理より $\dfrac{a}{\sin A}=2R$ よって $R=\dfrac{2}{\sin 60°}\div 2$

(2) 正弦定理より $\dfrac{a}{\sin A}=2R$ よって $\sin A=\dfrac{a}{2R}=\dfrac{R}{2R}=\dfrac{1}{2}$

問13 $\triangle$CAH で $CH=CA\sin A=b\sin A$
$\triangle$CBH で $CH=CB\sin B=a\sin B$

よって $b\sin A=a\sin B$ ゆえに $\dfrac{a}{\sin A}=\dfrac{b}{\sin B}$

[参考] 頂点 A から辺 BC に垂線をひいて，同様に $\dfrac{b}{\sin B}=\dfrac{c}{\sin C}$ が成り立つ。

正弦定理 $\dfrac{a}{\sin A}=\dfrac{b}{\sin B}=\dfrac{c}{\sin C}$ は，このようにしても証明できる。

問14 (1) $\sqrt{13}$ (2) $\sqrt{67}$

[解説] (1) 余弦定理より $b^2=c^2+a^2-2ca\cos B=5^2+(2\sqrt{2})^2-2\cdot 5\cdot 2\sqrt{2}\cos 45°$

(2) 余弦定理より $c^2=a^2+b^2-2ab\cos C=5^2+(2\sqrt{3})^2-2\cdot 5\cdot 2\sqrt{3}\cos 150°$

問15 (1) $60°$ (2) $45°$

[解説] (1) $\cos B=\dfrac{c^2+a^2-b^2}{2ca}=\dfrac{2^2+3^2-(\sqrt{7})^2}{2\cdot 2\cdot 3}=\dfrac{1}{2}$

(2) $\cos C=\dfrac{a^2+b^2-c^2}{2ab}=\dfrac{(2\sqrt{2})^2+6^2-(2\sqrt{5})^2}{2\cdot 2\sqrt{2}\cdot 6}=\dfrac{1}{\sqrt{2}}$

問16 鋭角三角形

[解説] 三角形の辺と角の大小関係から，C が最大角である。
$a^2+b^2-c^2=5^2+8^2-9^2=8$ よって $a^2+b^2>c^2$

問17 $\sqrt{5}-2$

[解説] 余弦定理 $c^2=a^2+b^2-2ab\cos C$ より
$3^2=(2\sqrt{2})^2+b^2-2\cdot 2\sqrt{2}\cdot b\cos 135°$
整理して $b^2+4b-1=0$ $b>0$ に注意すること。

問18 (i) 図(i)で，$BC=BH+HC$
$BH=c\cos B$, $HC=b\cos C$
(ii) 図(ii)で，$BC=BH-CH$
$BH=c\cos B$, $CH=b\cos(180°-C)=-b\cos C$
(iii) 図(iii)で，$BC=CH-BH$
$BH=c\cos(180°-B)=-c\cos B$, $CH=b\cos C$

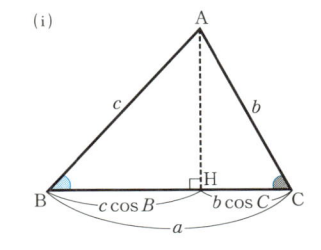

以上より $a=c\cos B+b\cos C$

(ii) / (iii) 図

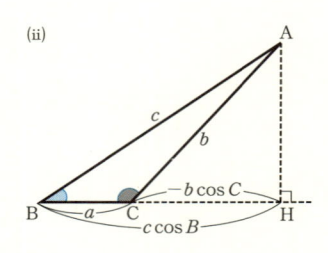

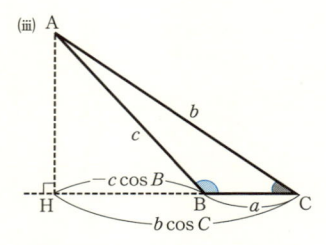

注意 $B=90°$ のとき B と H が一致し，$C=90°$ のとき C と H が一致する．

問19 $c=\sqrt{3}+1$, $a=2$, $B=60°$

解説 $B=180°-A-C=180°-45°-75°=60°$

正弦定理 $\dfrac{a}{\sin A}=\dfrac{b}{\sin B}$ より $a=\dfrac{\sqrt{6}}{\sin 60°}\times\sin 45°$ よって $a=2$

余弦定理 $a^2=b^2+c^2-2bc\cos A$ より

$2^2=(\sqrt{6})^2+c^2-2\sqrt{6}\,c\cos 45°$ 整理して $c^2-2\sqrt{3}\,c+2=0$

C は最大角であるから $c>\sqrt{6}$ であることに注意すること．

参考 右のような図をかくと，簡単に求めることができる．

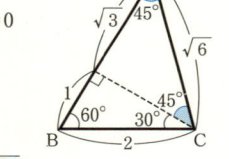

問20 $b=\sqrt{2-\sqrt{2}}$, $A=C=67.5°$

解説 余弦定理 $b^2=c^2+a^2-2ca\cos B$ より

$b^2=1^2+1^2-2\cdot1\cdot1\cdot\cos 45°=2-\sqrt{2}$ $b>0$ より $b=\sqrt{2-\sqrt{2}}$

問21 $A=45°$, $B=30°$, $C=105°$

解説 余弦定理より

$\cos A=\dfrac{b^2+c^2-a^2}{2bc}=\dfrac{(\sqrt{2})^2+(1+\sqrt{3})^2-2^2}{2\cdot\sqrt{2}(1+\sqrt{3})}=\dfrac{1}{\sqrt{2}}$

$\cos B=\dfrac{c^2+a^2-b^2}{2ca}=\dfrac{(1+\sqrt{3})^2+2^2-(\sqrt{2})^2}{2(1+\sqrt{3})\cdot 2}=\dfrac{\sqrt{3}}{2}$

問22 $c=3+3\sqrt{3}$, $B=45°$, $C=105°$ または, $c=-3+3\sqrt{3}$, $B=135°$, $C=15°$

解説 正弦定理 $\dfrac{a}{\sin A}=\dfrac{b}{\sin B}$ より $\sin B=6\times\dfrac{\sin 30°}{3\sqrt{2}}=\dfrac{1}{\sqrt{2}}$

$0°<B<150°$ より $B=45°,\ 135°$

$B=45°$ のとき $C=180°-A-B=180°-30°-45°=105°$

余弦定理 $b^2=c^2+a^2-2ca\cos B$ より

$6^2=c^2+(3\sqrt{2})^2-2c\cdot 3\sqrt{2}\cos 45°$ $c^2-6c-18=0$ よって $c=3\pm 3\sqrt{3}$

$B=135°$ のとき同様に $C=180°-A-B=15°$ 同様に $c^2+6c-18=0$

よって $c=-3\pm 3\sqrt{3}$ $c>0$ であることに注意すること．

別解 余弦定理 $a^2=b^2+c^2-2bc\cos A$ より $(3\sqrt{2})^2=6^2+c^2-2\cdot 6\cdot c\cos 30°$

c について整理すると $c^2-6\sqrt{3}\,c+18=0$ これを解くと $c=3\sqrt{3}\pm 3$

$c=3\sqrt{3}+3$ のとき $\cos B=\dfrac{(3\sqrt{3}+3)^2+(3\sqrt{2})^2-6^2}{2(3\sqrt{3}+3)\cdot 3\sqrt{2}}=\dfrac{1}{\sqrt{2}}$

$c=3\sqrt{3}-3$ のとき $\cos B=\dfrac{(3\sqrt{3}-3)^2+(3\sqrt{2})^2-6^2}{2(3\sqrt{3}-3)\cdot 3\sqrt{2}}=-\dfrac{1}{\sqrt{2}}$

問23 余弦定理より

(左辺) $= \dfrac{b\cos C - c\cos B}{b-c} = \left(b \cdot \dfrac{a^2+b^2-c^2}{2ab} - c \cdot \dfrac{c^2+a^2-b^2}{2ca}\right) \times \dfrac{1}{b-c}$

$= \dfrac{b^2-c^2}{a} \times \dfrac{1}{b-c} = \dfrac{b+c}{a}$

正弦定理より $\sin A = \dfrac{a}{2R}$, $\sin B = \dfrac{b}{2R}$, $\sin C = \dfrac{c}{2R}$

(右辺) $= \dfrac{\sin B + \sin C}{\sin A} = \left(\dfrac{b}{2R} + \dfrac{c}{2R}\right) \times \dfrac{2R}{a} = \dfrac{b+c}{a}$

よって，(左辺)＝(右辺) から $\dfrac{b\cos C - c\cos B}{b-c} = \dfrac{\sin B + \sin C}{\sin A}$

問24 (1) CA＝CB の二等辺三角形
(2) CA＝CB の二等辺三角形，または，AB を斜辺とする直角三角形
(3) CA＝CB の二等辺三角形

解説 (1) 正弦定理より $\sin A = \dfrac{a}{2R}$, $\sin B = \dfrac{b}{2R}$ を代入する。

(2) 余弦定理より $\cos A = \dfrac{b^2+c^2-a^2}{2bc}$, $\cos B = \dfrac{c^2+a^2-b^2}{2ca}$ を代入して整理すると

$(a^2-b^2)(c^2-a^2-b^2) = 0$

(3) $\dfrac{\sin A}{\cos A} = \dfrac{\sin B}{\cos B}$ より $\sin A \cos B = \sin B \cos A$

(1), (2)と同様に，正弦定理，余弦定理を利用して整理する。

問25 (1) 9 (2) $\dfrac{7\sqrt{35}}{2}$

解説 (1) $\triangle \mathrm{ABC} = \dfrac{1}{2}ab\sin C = \dfrac{1}{2} \cdot \sqrt{6} \cdot 6\sqrt{3} \sin 135°$

(2) 余弦定理より $\cos C = \dfrac{a^2+b^2-c^2}{2ab} = \dfrac{6^2+7^2-(3\sqrt{11})^2}{2 \cdot 6 \cdot 7} = -\dfrac{1}{6}$

よって $\sin C = \sqrt{1-\cos^2 C} = \dfrac{\sqrt{35}}{6}$

ゆえに $\triangle \mathrm{ABC} = \dfrac{1}{2}ab\sin C = \dfrac{1}{2} \cdot 6 \cdot 7 \cdot \dfrac{\sqrt{35}}{6}$

問26 $S = 10\sqrt{3}$, $r = \sqrt{3}$

解説 $s = \dfrac{a+b+c}{2} = \dfrac{5+7+8}{2} = 10$ であるから，

ヘロンの公式より $S = \sqrt{10(10-5)(10-7)(10-8)}$
また，$S = rs$ より r を求める。

問27 $\triangle \mathrm{ABC} = \triangle \mathrm{I_A AB} + \triangle \mathrm{I_A CA} - \triangle \mathrm{I_A BC}$

$= \dfrac{1}{2}cr_a + \dfrac{1}{2}br_a - \dfrac{1}{2}ar_a = \dfrac{1}{2}r_a(b+c-a)$

$b+c-a = b+c+a-2a = 2s-2a = 2(s-a)$ であるから

$\triangle \mathrm{ABC} = (s-a)r_a$

参考 $s_a = \dfrac{b+c-a}{2}$ とおくと $\triangle \mathrm{ABC} = r_a s_a$

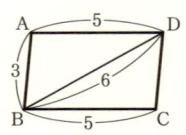

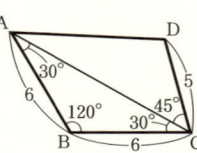

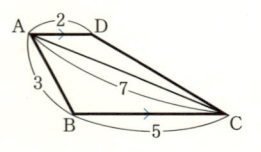

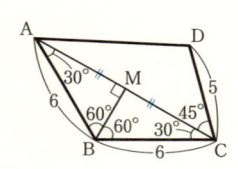

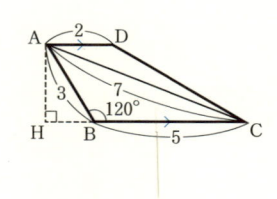

問28 (1) $4\sqrt{14}$ (2) $9\sqrt{3}+\dfrac{15\sqrt{6}}{2}$ (3) $\dfrac{21\sqrt{3}}{4}$

解説 (1) $\square ABCD = 2\triangle ABD$
ヘロンの公式より $s=\dfrac{3+5+6}{2}=7$
$\triangle ABD = \sqrt{7(7-3)(7-5)(7-6)} = 2\sqrt{14}$

(2) $\triangle ABC$ で，余弦定理より
$AC^2 = AB^2 + BC^2 - 2AB\cdot BC\cos B$
$= 6^2 + 6^2 - 2\cdot 6\cdot 6\cos 120° = 108$
$AC > 0$ より $AC = 6\sqrt{3}$
また，$\angle BCA = \dfrac{1}{2}(180° - 120°) = 30°$
$\angle ACD = 75° - 30° = 45°$
（四角形 ABCD）$= \triangle ABC + \triangle ACD$
$= \dfrac{1}{2}AB\cdot BC\sin\angle ABC + \dfrac{1}{2}AC\cdot CD\sin\angle ACD$
$= \dfrac{1}{2}\cdot 6\cdot 6\sin 120° + \dfrac{1}{2}\cdot 6\sqrt{3}\cdot 5\sin 45°$

(3) $\triangle ABC$ について，ヘロンの公式より
$s = \dfrac{3+5+7}{2} = \dfrac{15}{2}$
$\triangle ABC = \sqrt{\dfrac{15}{2}\left(\dfrac{15}{2}-3\right)\left(\dfrac{15}{2}-5\right)\left(\dfrac{15}{2}-7\right)} = \dfrac{15\sqrt{3}}{4}$
$AD /\!/ BC$, $AD = 2$, $BC = 5$ より
$\triangle ACD : \triangle ABC = 2 : 5$
（台形 ABCD）$= \dfrac{7}{5}\triangle ABC$

別解 (2) $\triangle ABC$ で，辺 CA の中点を M とする。
$AB : BM : MA = 2 : 1 : \sqrt{3}$ であるから
$MA = 3\sqrt{3}$, $BM = 3$
ゆえに （四角形 ABCD）$= \triangle ABC + \triangle ACD$
$= \dfrac{1}{2}AC\cdot BM + \dfrac{1}{2}AC\cdot CD\sin\angle ACD$
$= \dfrac{1}{2}\cdot 6\sqrt{3}\cdot 3 + \dfrac{1}{2}\cdot 6\sqrt{3}\cdot 5\sin 45°$

(3) $\triangle ABC$ で，余弦定理より
$\cos B = \dfrac{AB^2 + BC^2 - CA^2}{2AB\cdot BC} = \dfrac{3^2 + 5^2 - 7^2}{2\cdot 3\cdot 5} = -\dfrac{1}{2}$
よって $B = 120°$
点 A から辺 CB の延長に垂線 AH をひくと
$AH = AB\sin B = 3\sin 120° = \dfrac{3\sqrt{3}}{2}$
（台形 ABCD）$= \dfrac{1}{2}(AD + BC)\cdot AH = \dfrac{1}{2}(2+5)\cdot\dfrac{3\sqrt{3}}{2}$

問29 (1) $\sqrt{19}$ (2) 5 (3) $\dfrac{21\sqrt{3}}{4}$

解説 (1) $\triangle$ABC で，余弦定理より
$AC^2 = AB^2 + BC^2 - 2AB \cdot BC \cos B$
$= 3^2 + 2^2 - 2 \cdot 3 \cdot 2 \cos 120° = 19$
(2) 四角形 ABCD は円に内接するから
$D = 180° - B = 180° - 120° = 60°$
$\triangle$ACD で，
余弦定理 $AC^2 = CD^2 + DA^2 - 2CD \cdot DA \cos D$ より
$19 = CD^2 + 9 - 2CD \cdot 3 \cos 60°$
整理して $CD^2 - 3CD - 10 = 0$ $(CD-5)(CD+2)=0$
(3) (四角形 ABCD) $= \triangle$ABC $+ \triangle$ACD
$= \dfrac{1}{2} AB \cdot BC \sin B + \dfrac{1}{2} DA \cdot DC \sin D$

問30 (1) $-\dfrac{2}{7}$ (2) $\dfrac{3\sqrt{5}}{2}$

解説 (1) $\triangle$OPB で，余弦定理より
$BP^2 = BO^2 + OP^2 - 2BO \cdot OP \cos \angle BOP = 3^2 + 1^2 - 2 \cdot 3 \cdot 1 \cos 60° = 7$
$BP > 0$ より $BP = \sqrt{7}$
$\triangle$PBD で，BP = DP　また，BD $= \sqrt{2}$ BC $= 3\sqrt{2}$
余弦定理より $\cos\theta = \dfrac{BP^2 + DP^2 - BD^2}{2BP \cdot DP} = \dfrac{7 + 7 - (3\sqrt{2})^2}{2 \cdot \sqrt{7} \cdot \sqrt{7}}$
(2) $\sin\theta = \sqrt{1 - \cos^2\theta} = \dfrac{3\sqrt{5}}{7}$
$\triangle$PBD $= \dfrac{1}{2} BP \cdot DP \sin\theta = \dfrac{1}{2} \cdot \sqrt{7} \cdot \sqrt{7} \cdot \dfrac{3\sqrt{5}}{7}$

問31 $18\sqrt{2} + 6\sqrt{6}$

解説 頂点 O から底面 ABC に垂線 OH を
ひくと，H は $\triangle$ABC の外心である。
$A = 180° - B - C = 180° - 60° - 75° = 45°$
$\triangle$ABC において，正弦定理より $\dfrac{BC}{\sin A} = \dfrac{CA}{\sin B} = 2AH$
$AH = \dfrac{6}{\sin 45°} \div 2 = 3\sqrt{2}$, $CA = \dfrac{6}{\sin 45°} \cdot \sin 60° = 3\sqrt{6}$
$\triangle$OAH で，$\angle$OHA $= 90°$ であるから
$OH = \sqrt{OA^2 - AH^2} = \sqrt{(5\sqrt{2})^2 - (3\sqrt{2})^2} = 4\sqrt{2}$
また，$\triangle$ABC で，余弦定理 $CA^2 = AB^2 + BC^2 - 2AB \cdot BC \cos B$ より
$(3\sqrt{6})^2 = AB^2 + 6^2 - 2AB \cdot 6 \cos 60°$
$AB^2 - 6AB - 18 = 0$
これを解くと $AB = 3 \pm 3\sqrt{3}$　$AB > 0$ より $AB = 3 + 3\sqrt{3}$
求める体積を V とすると
$V = \dfrac{1}{3} \triangle ABC \cdot OH = \dfrac{1}{3} \left(\dfrac{1}{2} AB \cdot BC \sin 60° \right) \cdot OH$

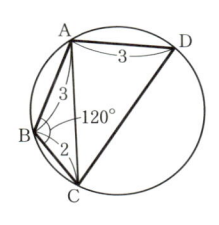

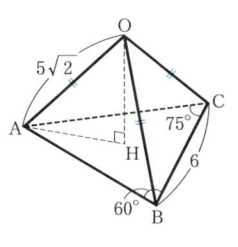

9 (1) $60°$ または $120°$ (2) $120°$

[解説] (1) $\triangle ABC = \dfrac{1}{2}bc\sin A$ であるから $3 = \dfrac{1}{2}\cdot 2\sqrt{2}\cdot\sqrt{6}\sin A$ より $\sin A = \dfrac{\sqrt{3}}{2}$

(2) $b+c=4k$, $c+a=5k$, $a+b=6k$ とおくと
$a+b+c=\dfrac{15}{2}k$ よって $a=\dfrac{7}{2}k$, $b=\dfrac{5}{2}k$, $c=\dfrac{3}{2}k$

余弦定理より $\cos A = \dfrac{b^2+c^2-a^2}{2bc} = \dfrac{\left(\dfrac{5}{2}k\right)^2+\left(\dfrac{3}{2}k\right)^2-\left(\dfrac{7}{2}k\right)^2}{2\cdot\dfrac{5}{2}k\cdot\dfrac{3}{2}k} = -\dfrac{1}{2}$

10 (1) $a=\sqrt{2}$, $b=\sqrt{3}$, $c=\dfrac{\sqrt{2}+\sqrt{6}}{2}$ (2) $\dfrac{\sqrt{3}+3}{4}$

[解説] (1) 正弦定理より $\dfrac{a}{\sin A} = \dfrac{b}{\sin B} = 2R$
$a=2R\sin A = 2\cdot 1\cdot \sin 45°$, $b=2R\sin B=2\cdot 1\cdot \sin 60°$
また，余弦定理 $b^2=c^2+a^2-2ca\cos B$ より $(\sqrt{3})^2=c^2+(\sqrt{2})^2-2c\cdot\sqrt{2}\cos 60°$
よって $c^2-\sqrt{2}c-1=0$

(2) $\triangle ABC = \dfrac{1}{2}ca\sin B$

11 (1) $2\sqrt{37}$ (2) $12\sqrt{3}+\dfrac{7\sqrt{111}}{2}$

[解説] (1) $\triangle ABC$ で，余弦定理より
$AC^2 = AB^2 + BC^2 - 2AB\cdot BC\cos\angle ABC = 6^2 + 8^2 - 2\cdot 6\cdot 8\cos 120°$
(2) (四角形 $ABCD$) $= \triangle ABC + \triangle CDA$
$= \dfrac{1}{2}AB\cdot BC\sin\angle ABC + \dfrac{1}{2}AD\cdot AC\sin\angle DAC$

12 (1)(ア) $\dfrac{1}{5}$ (2)(イ) 3 (3)(ウ) $\dfrac{2\sqrt{6}}{3}$ (4)(エ) $\dfrac{4\sqrt{10}}{5}$, (オ) $\dfrac{\sqrt{10}}{5}$

[解説] (1)(ア) $\triangle ABC$ で，余弦定理より $\cos\angle ABC = \dfrac{5^2+6^2-7^2}{2\cdot 5\cdot 6}$

(2)(イ) $AP=AR$, $BP=BQ$, $CQ=CR$
また，$AP+BP=5$, $BQ+CQ=6$, $CR+AR=7$
であるから $AP+BQ+CR=(5+6+7)\div 2 = 9$

(3)(ウ) $\triangle ABC$ で，ヘロンの公式より $s=\dfrac{5+6+7}{2}=9$
$\triangle ABC = \sqrt{9(9-5)(9-6)(9-7)} = 6\sqrt{6}$
$PI = \dfrac{\triangle ABC}{s}$

(4)(エ) $\triangle PBQ$ で，余弦定理より
$PQ^2 = PB^2+BQ^2-2PB\cdot BQ\cos\angle ABC = 2^2+2^2-2\cdot 2\cdot 2\cdot \dfrac{1}{5}$

(オ) 接弦定理より $\angle PRQ = \angle BPQ$
$\triangle PBQ$ で，余弦定理より $\cos\angle PRQ = \cos\angle BPQ = \dfrac{PB^2+PQ^2-BQ^2}{2PB\cdot PQ}$

[参考] (4)(オ) 接弦定理より ∠PRQ=∠BPQ
△PBQ で，BP=BQ より $\cos\angle BPQ=\dfrac{\frac{1}{2}PQ}{BP}$ としてもよい。

13 AC と BD の交点を O とする。$\sin(180°-\theta)=\sin\theta$ であるから
$S=\triangle OAB+\triangle OBC+\triangle OCD+\triangle ODA$
$=\dfrac{1}{2}OA\cdot OB\sin\theta+\dfrac{1}{2}OB\cdot OC\sin(180°-\theta)$
$\qquad\qquad\qquad\qquad+\dfrac{1}{2}OC\cdot OD\sin\theta+\dfrac{1}{2}OD\cdot OA\sin(180°-\theta)$
$=\dfrac{1}{2}(OA\cdot OB+OB\cdot OC+OC\cdot OD+OD\cdot OA)\sin\theta$
$=\dfrac{1}{2}\{(OA+OC)OB+(OA+OC)OD\}\sin\theta$
$=\dfrac{1}{2}(OA+OC)(OB+OD)\sin\theta=\dfrac{1}{2}\ell m\sin\theta$

14 (1) 正弦定理より $\sin A=\dfrac{a}{2R}$ であるから
$\triangle ABC=\dfrac{1}{2}bc\sin A=\dfrac{1}{2}bc\left(\dfrac{a}{2R}\right)=\dfrac{abc}{4R}$

(2) 正弦定理 $\dfrac{a}{\sin A}=\dfrac{c}{\sin C}$ より $c=\dfrac{a\sin C}{\sin A}$ であるから
$\triangle ABC=\dfrac{1}{2}ca\sin B=\dfrac{a^2\sin B\sin C}{2\sin A}$
また，$\sin(B+C)=\sin(180°-A)=\sin A$ より
$\triangle ABC=\dfrac{a^2\sin B\sin C}{2\sin(B+C)}$

15 (1) $1<a<7$ (2) $a=4$ のとき，最大値 $3\sqrt{7}$
[解説] (1) 三角形の成立条件より $|a-(8-a)|<6<a+(8-a)$
よって $|2a-8|<6$ から $-6<2a-8<6$
(2) ヘロンの公式より $s=\dfrac{a+6+(8-a)}{2}=7$
$\triangle ABC=\sqrt{7(7-a)(7-6)\{7-(8-a)\}}=\sqrt{-7(a^2-8a+7)}=\sqrt{-7(a-4)^2+63}$

16 (1) $-\dfrac{11}{16}$ (2) $\sqrt{190}$ (3) $\dfrac{63\sqrt{15}}{4}$

[解説] (1) 右の図のように，
辺 BC の中点を E とすると，
四角形 AECD は平行四辺形である。
△ABE で，余弦定理より
$\cos(180°-\theta)=\cos\angle BEA=\dfrac{BE^2+EA^2-AB^2}{2BE\cdot EA}=\dfrac{7^2+8^2-6^2}{2\cdot 7\cdot 8}=\dfrac{11}{16}$
また，$\cos\theta=-\cos(180°-\theta)$
(2) △ACD で，余弦定理より
$AC^2=AD^2+DC^2-2AD\cdot DC\cos\theta=7^2+8^2-2\cdot 7\cdot 8\cdot\left(-\dfrac{11}{16}\right)$

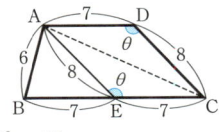

(3) △ABE＝△AEC＝△ADC より
（台形 ABCD）＝3△ABE

△ABE で，ヘロンの公式より $s=\dfrac{6+7+8}{2}=\dfrac{21}{2}$

$△ABE=\sqrt{\dfrac{21}{2}\left(\dfrac{21}{2}-6\right)\left(\dfrac{21}{2}-7\right)\left(\dfrac{21}{2}-8\right)}=\dfrac{21\sqrt{15}}{4}$

参考 (3) $\sin^2\theta=1-\cos^2\theta=\dfrac{135}{256}$　　$\sin\theta>0$ より　$\sin\theta=\dfrac{3\sqrt{15}}{16}$

よって　$△ACD=\dfrac{1}{2}AD\cdot CD\sin\theta=\dfrac{1}{2}\cdot 7\cdot 8\cdot\dfrac{3\sqrt{15}}{16}=\dfrac{21\sqrt{15}}{4}$

（台形 ABCD）＝3△ACD としてもよい。

17 (1) 面積は 3，1辺の長さは $\dfrac{\sqrt{6}-\sqrt{2}}{2}$

(2) 面積は $24-12\sqrt{3}$，1辺の長さは $4-2\sqrt{3}$

解説 (1) 面積は，右の △OAB の 12 倍である。

$△OAB=\dfrac{1}{2}\cdot 1\cdot 1\cdot\sin 30°=\dfrac{1}{4}$

1辺の長さ AB は，△OAB で余弦定理より
$AB^2=OA^2+OB^2-2OA\cdot OB\cos\angle AOB$
$=1^2+1^2-2\cdot 1\cdot 1\cdot\cos 30°=2-\sqrt{3}$

(2) (1)の △OAB で，辺 AB の中点を H とすると，

$△OAB=\dfrac{1}{2}AB\cdot OH$ より　$OH=\dfrac{2△OAB}{AB}=\dfrac{1}{\sqrt{6}-\sqrt{2}}$

面積は，右の △OCD の 12 倍である。
△OAB∽△OCD，OH'=1，OH:OH'=1:($\sqrt{6}-\sqrt{2}$)
よって　△OCD=($\sqrt{6}-\sqrt{2}$)²△OAB=$2-\sqrt{3}$
1辺の長さ CD は　CD=($\sqrt{6}-\sqrt{2}$)AB

18 $\dfrac{1}{3}$

解説 正四面体の1辺の長さを $2a$ とおくと　AM=DM=$\sqrt{3}\,a$
△AMD で，余弦定理より
$\cos\alpha=\cos\angle AMD=\dfrac{MA^2+MD^2-AD^2}{2MA\cdot MD}=\dfrac{(\sqrt{3}\,a)^2+(\sqrt{3}\,a)^2-(2a)^2}{2\cdot\sqrt{3}\,a\cdot\sqrt{3}\,a}$

19 (1) 1　(2) $\dfrac{\sqrt{3}}{4}$　(3) $\dfrac{\sqrt{31}}{4}$　(4) $\dfrac{\sqrt{93}}{31}$

解説 (1) OC=x とおくと　CA=$\sqrt{3}\,x$，CB=x
△ABC で，余弦定理　$AB^2=BC^2+CA^2-2BC\cdot CA\cos\angle ACB$ より
$(\sqrt{7})^2=x^2+(\sqrt{3}\,x)^2-2x\cdot\sqrt{3}\,x\cos 150°$

(2) $△ABC=\dfrac{1}{2}BC\cdot CA\sin\angle ACB=\dfrac{1}{2}x(\sqrt{3}\,x)\sin 150°$

(3) OA=$2x$=2，OB=$\sqrt{2}\,x=\sqrt{2}$ であるから

△OAB で，余弦定理より　$\cos\angle AOB=\dfrac{(\sqrt{2})^2+2^2-(\sqrt{7})^2}{2\sqrt{2}\cdot 2}=-\dfrac{1}{4\sqrt{2}}$

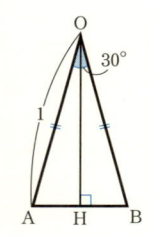

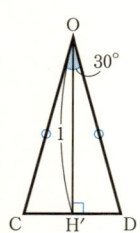

$$\sin \angle AOB = \sqrt{1-\cos^2 \angle AOB} = \sqrt{1-\left(-\frac{1}{4\sqrt{2}}\right)^2} = \frac{\sqrt{31}}{4\sqrt{2}}$$

$$\triangle OAB = \frac{1}{2} OA \cdot OB \sin \angle AOB = \frac{1}{2} \cdot 2 \cdot \sqrt{2} \cdot \frac{\sqrt{31}}{4\sqrt{2}}$$

(4) 三角錐 OABC の体積を V とすると $V = \frac{1}{3} \triangle ABC \cdot OC = \frac{\sqrt{3}}{12}$

求める垂線の長さは $\dfrac{3V}{\triangle OAB}$

20 $8\sqrt{2+\sqrt{2}}$

[解説] $\triangle OAH$ で $OA = \sqrt{OH^2 + HA^2} = \sqrt{55+9} = 8$
$OA : AH = 8 : 3$ より，
側面の展開図は右のようになる。
求める長さは $2AP$
余弦定理より
$(2AP)^2 = 8^2 + 8^2 - 2 \cdot 8 \cdot 8 \cos 135° = 8^2 (2+\sqrt{2})$

1 正三角形

[解説] 余弦定理より
$\cos A = \dfrac{b^2+c^2-a^2}{2bc}$, $\cos B = \dfrac{c^2+a^2-b^2}{2ca}$, $\cos C = \dfrac{a^2+b^2-c^2}{2ab}$

これらを与式に代入すると
$$\frac{2abc}{b^2+c^2-a^2} = \frac{2abc}{c^2+a^2-b^2} = \frac{2abc}{a^2+b^2-c^2}$$

よって $b^2+c^2-a^2 = c^2+a^2-b^2 = a^2+b^2-c^2$
これを整理して $a^2 = b^2 = c^2$
ゆえに $a = b = c$

[別解] $\dfrac{a}{\cos A} = \dfrac{b}{\cos B} = \dfrac{c}{\cos C} = k$ とおくと

$\cos A = \dfrac{a}{k}$, $\cos B = \dfrac{b}{k}$, $\cos C = \dfrac{c}{k}$

正弦定理より $\dfrac{a}{\sin A} = \dfrac{b}{\sin B} = \dfrac{c}{\sin C} = 2R$ とおくと

$\sin A = \dfrac{a}{2R}$, $\sin B = \dfrac{b}{2R}$, $\sin C = \dfrac{c}{2R}$

$\sin^2 A + \cos^2 A = 1$ であるから $\left(\dfrac{a}{2R}\right)^2 + \left(\dfrac{a}{k}\right)^2 = 1$

よって $a^2 = \dfrac{4k^2 R^2}{k^2+4R^2}$ 同様に $b^2 = c^2 = \dfrac{4k^2 R^2}{k^2+4R^2}$

ゆえに $a = b = c$

[別解] $\dfrac{a}{\cos A} = \dfrac{b}{\cos B} = \dfrac{c}{\cos C}$ ……①, $\dfrac{a}{\sin A} = \dfrac{b}{\sin B} = \dfrac{c}{\sin C}$ ……②

①の各辺を②の各辺でそれぞれ割ると $\tan A = \tan B = \tan C$
$A+B+C = 180°$ より，$\tan A$, $\tan B$, $\tan C$ はすべて負となることはないから
$A = B = C$

2 $\sqrt{7}$, $1+\sqrt{6}$

解説 △ABC において AB=2, BC=x, CA=3 とする。

(i) $A=60°$ のとき
余弦定理 $BC^2=CA^2+AB^2-2CA\cdot AB\cos A$ より $x^2=3^2+2^2-2\cdot 3\cdot 2\cos 60°=7$
$x>0$ より $x=\sqrt{7}$

(ii) $B=60°$ のとき
余弦定理 $CA^2=AB^2+BC^2-2AB\cdot BC\cos B$ より $3^2=2^2+x^2-2\cdot 2\cdot x\cos 60°$
よって $x^2-2x-5=0$ $x>0$ より $x=1+\sqrt{6}$

(iii) $C=60°$ のとき
余弦定理 $AB^2=BC^2+CA^2-2BC\cdot CA\cos C$ より $2^2=x^2+3^2-2\cdot x\cdot 3\cos 60°$
よって $x^2-3x+5=0$
この2次方程式の判別式を D とすると $D=(-3)^2-4\cdot 1\cdot 5=-11$ より $D<0$
ゆえに,この2次方程式は実数解をもたない。

3 (1) 正弦定理 $\dfrac{a}{\sin A}=\dfrac{b}{\sin B}=2R$ より
$a=2R\sin A$, $b=2R\sin B$
$\triangle ABC=\dfrac{1}{2}ab\sin C=\dfrac{1}{2}(2R\sin A)(2R\sin B)\sin C$
$=2R^2\sin A\sin B\sin C$

(2) O は外心であるから $OA=OB=OC=R$
円周角の定理より $\angle BOC=2\angle A$
OD は辺 BC の垂直二等分線であるから $\angle BOD=\angle COD$
よって $\angle COD=\angle A$
△ODC で $OD=OC\cos A=R\cos A$ 同様に $\angle COE=\angle B$
△OEC で $OE=OC\cos B=R\cos B$ また, $\angle DOE=A+B=180°-C$
$\triangle ODE=\dfrac{1}{2}OD\cdot OE\sin\angle DOE=\dfrac{1}{2}(R\cos A)(R\cos B)\sin(180°-C)$
$=\dfrac{1}{2}R^2\cos A\cos B\sin C$

(3) 点 D, E, F は,それぞれ辺 BC, CA, AB の中点であるから
$AB/\!/DE$, $BC/\!/EF$, $CA/\!/FD$
よって △ABC∽△DEF で,その相似比は $2:1$
ゆえに △ABC:△DEF$=4:1$
(1)より △DEF$=\dfrac{1}{4}$△ABC$=\dfrac{1}{2}R^2\sin A\sin B\sin C$ ……①
また,△DEF$=$△ODE$+$△OEF$+$△OFD
(2)より △ODE$=\dfrac{1}{2}R^2\cos A\cos B\sin C$
同様に △OEF$=\dfrac{1}{2}R^2\cos B\cos C\sin A$, △OFD$=\dfrac{1}{2}R^2\cos C\cos A\sin B$
ゆえに △DEF$=\dfrac{1}{2}R^2(\cos A\cos B\sin C+\cos B\cos C\sin A+\cos C\cos A\sin B)$ …②
①,②より $\sin A\sin B\sin C=\cos A\cos B\sin C+\cos B\cos C\sin A+\cos C\cos A\sin B$
両辺を $\cos A\cos B\cos C$ ($\neq 0$)で割ると $\tan A\tan B\tan C=\tan C+\tan A+\tan B$
ゆえに $\tan A+\tan B+\tan C=\tan A\tan B\tan C$

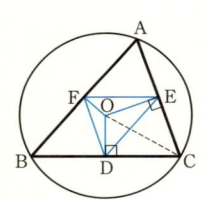

4 頂点 A，B，C，D と内接する円との接線の長さを，それぞれ x, y, z, w とすると
$a=x+y$, $b=y+z$, $c=z+w$, $d=w+x$
よって $a+c=b+d$ ……①

四角形 ABCD の面積 S は $S=\triangle \mathrm{ABD}+\triangle \mathrm{BCD}=\dfrac{1}{2}ad\sin A+\dfrac{1}{2}bc\sin C$

四角形 ABCD は円に内接するから $A+C=180°$
$\sin C=\sin(180°-A)=\sin A$
よって $2S=(ad+bc)\sin A$
この式を平方して $4S^2=(ad+bc)^2\sin^2 A$ ……②
また，$\triangle \mathrm{ABD}$ と $\triangle \mathrm{BCD}$ で余弦定理より
$\mathrm{BD}^2=a^2+d^2-2ad\cos A=b^2+c^2-2bc\cos C$
$A+C=180°$ より $\cos C=\cos(180°-A)=-\cos A$
$a^2+d^2-2ad\cos A=b^2+c^2+2bc\cos A$ より $\cos A=\dfrac{a^2+d^2-b^2-c^2}{2(ad+bc)}$

よって $\sin^2 A=1-\cos^2 A=(1+\cos A)(1-\cos A)$
$=\left\{1+\dfrac{a^2+d^2-b^2-c^2}{2(ad+bc)}\right\}\left\{1-\dfrac{a^2+d^2-b^2-c^2}{2(ad+bc)}\right\}$
$=\dfrac{(a+d)^2-(b-c)^2}{2(ad+bc)}\cdot\dfrac{(b+c)^2-(a-d)^2}{2(ad+bc)}$
$=\dfrac{(a+d+b-c)(a+d-b+c)(b+c+a-d)(b+c-a+d)}{4(ad+bc)^2}$

①より $\sin^2 A=\dfrac{2a\times 2d\times 2b\times 2c}{4(ad+bc)^2}=\dfrac{4abcd}{(ad+bc)^2}$

これを②に代入して $4S^2=(ad+bc)^2\times\dfrac{4abcd}{(ad+bc)^2}$
よって $S^2=abcd$
ゆえに $S=\sqrt{abcd}$

5 (1) 3:1 (2) 3:1 (3) 3

解説 (1) 直線 AD と OG の交点を M とする。
AD∥OE より $\triangle \mathrm{AMG}\backsim\triangle \mathrm{EOG}$
よって AM:EO=AG:EG
E は辺 BC の中点，G は $\triangle \mathrm{ABC}$ の重心であるから
AG:GE=2:1
ゆえに AM:EO=2:1
また，OG∥BC より四角形 MDEO の 4 つの角は
90° であるから，四角形 MDEO は長方形である。 よって MD=OE
ゆえに AD=AM+MD=2OE+OE=3OE

(2) M は線分 AF の中点であるから AM=MF (1)より AM:MD=2:1
ゆえに AD:DF=3:1

(3) $\triangle \mathrm{ABD}$ で $\tan B=\dfrac{\mathrm{AD}}{\mathrm{BD}}$，$\triangle \mathrm{ACD}$ で $\tan C=\dfrac{\mathrm{AD}}{\mathrm{CD}}$
また，方べきの定理より $\mathrm{BD}\cdot\mathrm{DC}=\mathrm{AD}\cdot\mathrm{DF}$ (2)より $\mathrm{DF}=\dfrac{1}{3}\mathrm{AD}$

ゆえに $\tan B\tan C=\dfrac{\mathrm{AD}^2}{\mathrm{BD}\cdot\mathrm{CD}}=\dfrac{\mathrm{AD}^2}{\mathrm{AD}\cdot\mathrm{DF}}=\dfrac{3\mathrm{AD}^2}{\mathrm{AD}^2}=3$

6 (1) $\sqrt{7}$ (2) $\dfrac{\sqrt{21(9t^2-20t+36)}}{14}$ (3) $t=\dfrac{10}{9}$, 面積は $\dfrac{\sqrt{42}}{3}$

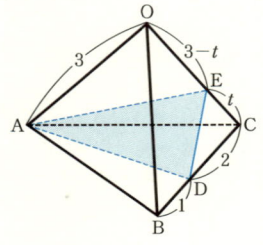

解説 (1) △ABD において，余弦定理より
$AD^2=AB^2+BD^2-2AB\cdot BD\cos 60°$
$=3^2+1^2-2\cdot 3\cdot 1\cdot \dfrac{1}{2}=7$
$AD>0$ より $AD=\sqrt{7}$

(2) △ACE において，余弦定理より
$AE^2=AC^2+CE^2-2AC\cdot CE\cos 60°=3^2+t^2-2\cdot 3\cdot t\cdot \dfrac{1}{2}$
$=t^2-3t+9$
$AE>0$ より $AE=\sqrt{t^2-3t+9}$
△CDE において，余弦定理より
$DE^2=CD^2+EC^2-2CD\cdot EC\cos 60°=2^2+t^2-2\cdot 2\cdot t\cdot \dfrac{1}{2}=t^2-2t+4$
$DE>0$ より $DE=\sqrt{t^2-2t+4}$
△ADE において，$AH=s$ とすると $HD=\sqrt{7}-s$
$EH^2=AE^2-AH^2=DE^2-DH^2$ より
$t^2-3t+9-s^2=t^2-2t+4-(\sqrt{7}-s)^2$
よって $s=\dfrac{12-t}{2\sqrt{7}}$
$EH^2=t^2-3t+9-\left(\dfrac{12-t}{2\sqrt{7}}\right)^2=\dfrac{27t^2-60t+108}{28}$
$EH>0$ より $EH=\dfrac{\sqrt{27t^2-60t+108}}{2\sqrt{7}}=\dfrac{\sqrt{7(27t^2-60t+108)}}{14}$
$=\dfrac{\sqrt{21(9t^2-20t+36)}}{14}$

(3) △ADE$=\dfrac{1}{2}$AD$\cdot$EH であるから，EH が最小となるとき，△ADE の面積も最小となる。
$0\leq t\leq 3$ であり，$9t^2-20t+36=9\left(t-\dfrac{10}{9}\right)^2+\dfrac{224}{9}$ であるから，
$t=\dfrac{10}{9}$ のとき EH は最小値 $\dfrac{1}{14}\sqrt{21\cdot \dfrac{224}{9}}=\dfrac{2\sqrt{6}}{3}$ をとり，
そのときの面積は $\dfrac{1}{2}\cdot \sqrt{7}\cdot \dfrac{2\sqrt{6}}{3}=\dfrac{\sqrt{42}}{3}$

Aクラスブックスシリーズ

単元別完成！この1冊だけで大丈夫!!

数学の学力アップに加速をつける

桐朋中・高校教諭	成川　康男
筑波大学附属駒場中・高校元教諭	深瀬　幹雄
桐朋中・高校元教諭	藤田　郁夫
筑波大学附属駒場中・高校教諭	町田　多加志
桐朋中・高校教諭	矢島　弘　共著

■A5判/2色刷　■全8点 各900円（税別）

中学・高校の区分に関係なく，単元別に数学をより深く追求したい人のための参考書です。得意分野のさらなる学力アップ，不得意分野の完全克服に役立ちます。

- 中学数学文章題
- 中学図形と計量
- 因数分解
- 2次関数と2次方程式
- 場合の数と確率
- 不等式
- 平面幾何と三角比
- 整数

教科書対応表

	中学1年	中学2年	中学3年	高校数Ⅰ	高校数A	高校数Ⅱ
中学数学文章題	☆	☆	☆			
中学図形と計量	☆	☆	☆		(☆)	
因数分解			☆	☆		
2次関数と2次方程式			☆	☆		
場合の数と確率		☆			☆	
不等式	☆			☆		☆
平面幾何と三角比			☆	☆		
整数	☆	☆	☆	☆	☆	

新Aクラス中学数学問題集

中学数学の頂点へ！

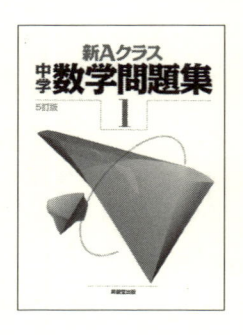

開成中・高校教諭	市川　博規
開成中・高校教諭	木部　陽一
桐朋中・高校教諭	久保田　顕二
駒場東邦中・高校教諭	中村　直樹
桐朋中・高校教諭	成川　康男
筑波大附属駒場中・高校元教諭	深瀬　幹雄
芝浦工業大学准教授	牧下　英世
桐朋中・高校元教諭	巻渕　仁
桐朋中・高校教諭	矢島　弘
駒場東邦中・高校元教諭	吉田　稔
	共著

中学の内容はもちろん，高校に向けての内容もふくまれています。重要事項を簡潔にまとめてあり，例題で解法や考え方を丁寧に解説してあります。また，基本問題から発展問題までバランスよく構成されていますので，筋道立てて考える力が養えます。解答が詳しく書かれていますので，自習用としても最適です。中学数学は，この問題集があれば十分！といっても過言ではありません。

新Aクラス中学数学問題集1年	A5判・240頁	1200円
新Aクラス中学数学問題集2年	A5判・280頁	1300円
新Aクラス中学数学問題集3年	A5判・392頁	1300円
新Aクラス中学代数問題集	A5判・424頁	1350円
新Aクラス中学幾何問題集	A5判・424頁	1350円

※表示の価格は本体価格です。本体価格のほかに消費税がかかります。

Ａ級中学数学問題集

難問が多いですが，じっくりわかります！

教育界で数学の評価が高い
桐朋独自の手づくり問題集！

桐朋学園中・高校教諭
栗原　忍　　　中村　元
成川康男　　　藤田郁夫
宮下昌志　　　矢島　弘　共著

数学の系統的な流れを大切にした構成で，順序よく学べる問題集です。例題は詳しく丁寧に解説してありますので，典型的な問題の考え方・解き方がしっかり把握できます。基本から発展まで段階的に良問が配置されていますので，ムリなくムダなくスムーズに実力が身につきます。基本的な知識の定着，計算力の充実，柔軟な思考力の育成をめざし，数学の楽しさが実感できるようにつくられています。中学段階で学んでおきたいことがすべて盛りこまれています。

Ａ級中学数学問題集１年　　Ａ５判・223頁　　1250円
Ａ級中学数学問題集２年　　Ａ５判・276頁　　1300円
Ａ級中学数学問題集３年　　Ａ５判・315頁　　1300円

※表示の価格は本体価格です。本体価格のほかに消費税がかかります。